チャ太郎ドリル
夏休み編

ステップアップノート 小学6年生

もくじ

算数

英語

国語

国語は，いちばん後ろのページからはじまるよ!

月　日

1　比①

答え 8ページ

クッキーを作るのに，砂糖 100g と小麦粉 300g が必要みたいだね。

たくさん作りたいから，砂糖 200g と小麦粉 600g を使おうかな。

砂糖と小麦粉の割合を，100：300，200：600 のように，「：(対)」を使って表したものを**比**というぞ。
また，砂糖が小麦粉の何倍になっているかを表したものを，**比の値**というのだ！
a：b の比の値は，a÷b で求めるぞ。

比の値はどちらも $\frac{1}{3}$ で同じになっているね。

算数

1　コーヒー牛乳を作るのに，コーヒーを 30mL，牛乳を 100mL 使います。

①　コーヒーの量と牛乳の量の比を求めましょう。

②　コーヒーの量が牛乳の量の何倍か（比の値）を求めましょう。

2　次の比の値を求めましょう。

①　2：5　　　②　4：6　　　③　25：10

2 比②

答え 8ページ

比の値が同じだから，100：300＝200：600 と表していいのかな……？

100：300 をそれぞれ２倍すると，200：600 になるね。

その通りなのだ！
比は，同じ数をかけたり，同じ数でわったりしても変わらないぞ。表し方がさまざまになってしまうから，できるだけ小さい整数の比にすることが多いのだ。このことを，**比を簡単にする**というぞ。

100：300 や 200：600 の比を簡単にすると，どちらも１：３になりました。

算数

1 次の□にあてはまる数をかきましょう。

① 3 ： 4 ＝ 6 ： 8（×□，×□）

② 2 ： 5 ＝ 8 ： 20（×□，×□）

③ 6 ： 4 ＝ 3 ： 2（÷□，÷□）

④ 3 ： 12 ＝ 1 ： 4（÷□，÷□）

2 次の比を簡単にしましょう。

① 7：14　② 8：6　③ 24：18

月　日

3　円の面積①

答え 8ページ

円の面積を求めたいけど，どうやって求めるんだろう……？

円を細かく切って，並(なら)べてみよう。

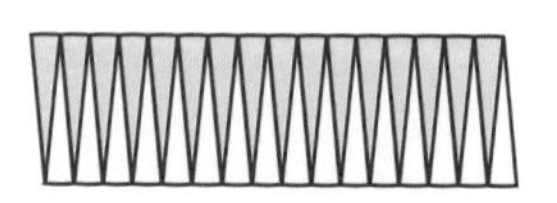

長方形に近い形になったね。もっと細かく切ったら，
縦(たて)は円の半径，横は円周の半分に近づきそうだよ。

つまり，円の面積は（半径）×（円周の半分）だぞ。
円周の半分は
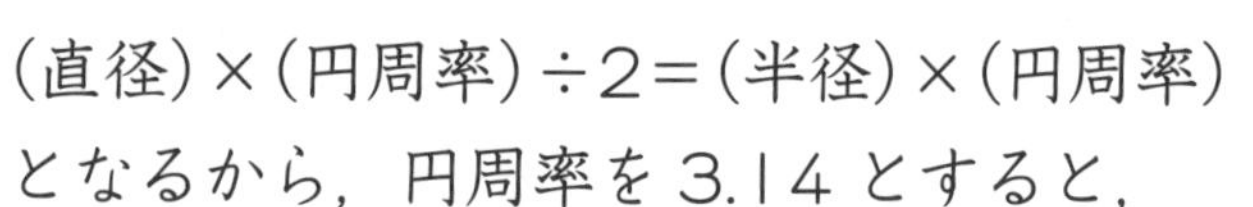
（直径）×（円周率）÷2＝（半径）×（円周率）
となるから，円周率を 3.14 とすると，
（円の面積）＝（半径）×（半径）× 3.14 となるのだ！

1　次の円の面積は何 cm^2 ですか。

①

［式］

［答え］

②

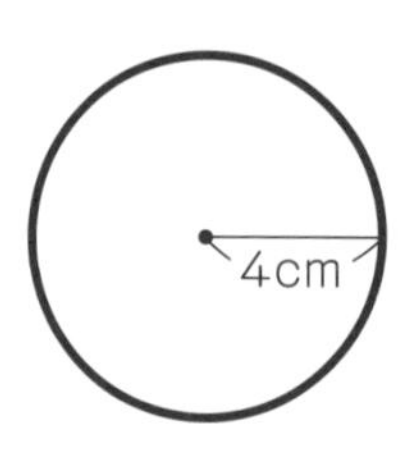

［式］

［答え］

③

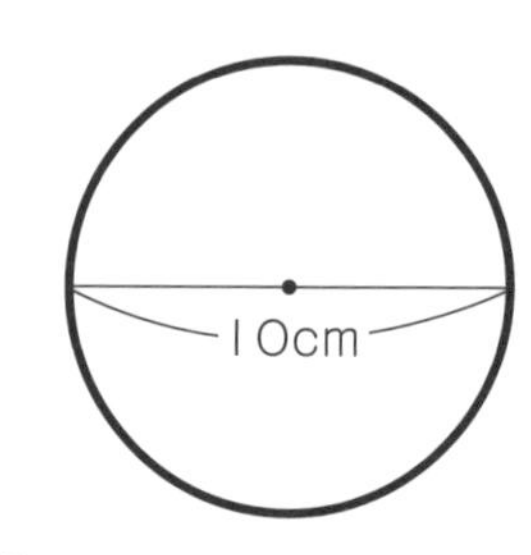

［式］

［答え］

算数

月　日

4 円の面積②

答え 8ページ

みんなですいかを食べよう。

やったー！

すいかを切ったら，断面が半径 12cm の円になったぞ。
この断面の面積は，何 cm^2 かな。

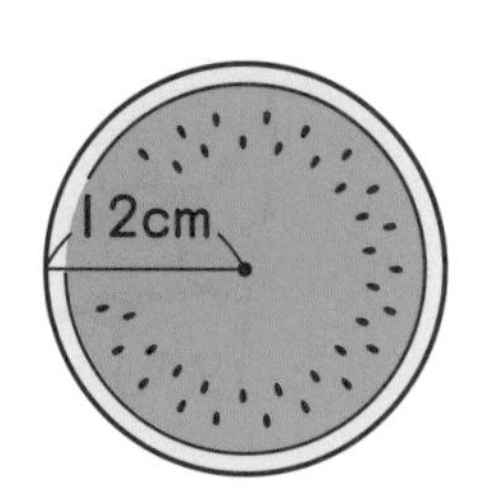

円の面積の求め方を学んだばかりですね。
えっと…$12 \times 12 \times 3.14 = 452.16$ なので，
452.16cm^2 です！

よくできたぞ。では，$\frac{1}{2}$，$\frac{1}{4}$ に切り分けてみたら，面積はどうなるかな。

断面を $\frac{1}{2}$，$\frac{1}{4}$ にしたら面積も $\frac{1}{2}$，$\frac{1}{4}$ になるはずだから……。

1 チャ太郎の発言をもとに，次のすいかの断面の面積が何 cm^2 か求めましょう。

①

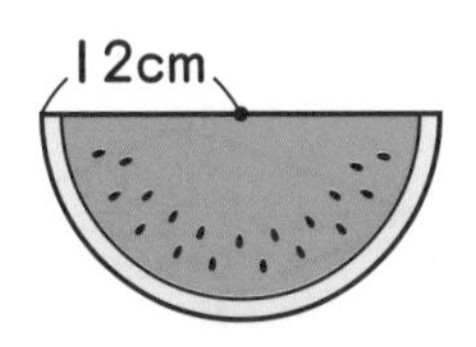

［式］

［答え］

②

12cm

［式］

［答え］

月　日

5 立体の体積①

答え 8ページ

(直方体の体積)＝(縦)×(横)×(高さ)と習ったけど，ほかの求め方はないのかな。

縦 4cm，横 5cm，高さ 3cm の直方体を，右のように分けてみたよ。

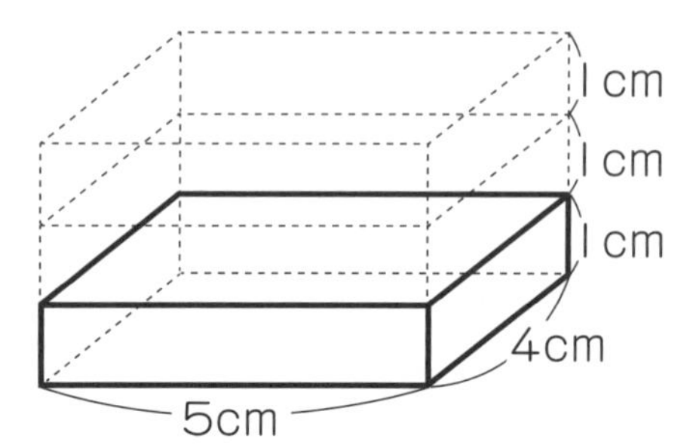

$4 \times 5 \times 1 = 20(\text{cm}^3)$ の直方体が3つ分になってる！

20は底面の面積と等しい数になるから，底面の面積に高さをかける，という考え方もできそうだね。

直方体はもちろん，四角柱の体積を求めるときには，**(四角柱の体積)＝(底面積)×(高さ)**という式が使えるぞ。底面積とは，底面の面積のことなのだ！

 次の四角柱の体積は何 cm^3 ですか。

①

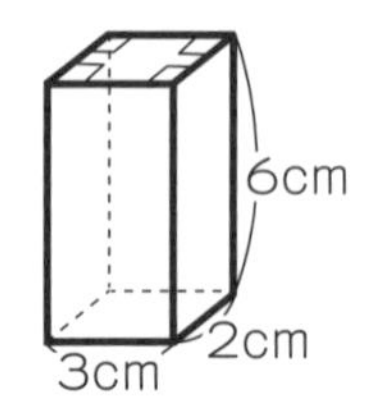

[式]

[答え]

②

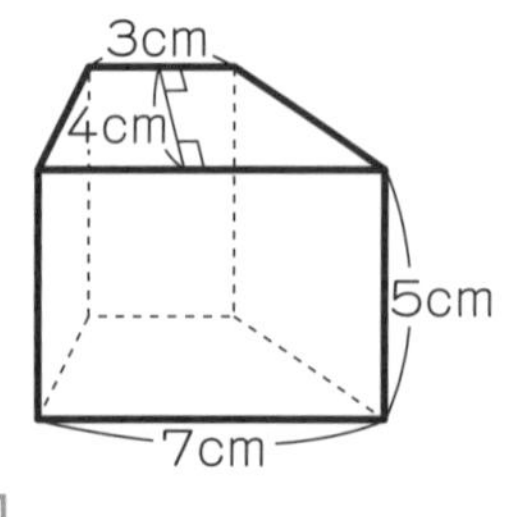

[式]

[答え]

③

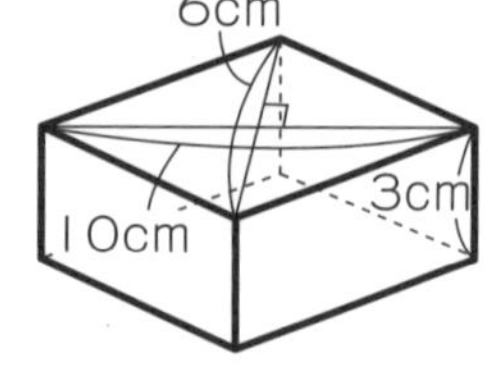

[式]

[答え]

算数

月　日

6 立体の体積②

答え 8ページ

四角柱の体積の求め方はわかったけど，ほかの角柱の体積はどう求めるのかな。

さっきの直方体を半分に切ると，三角柱ができあがったよ。体積も直方体の半分になると思うな。

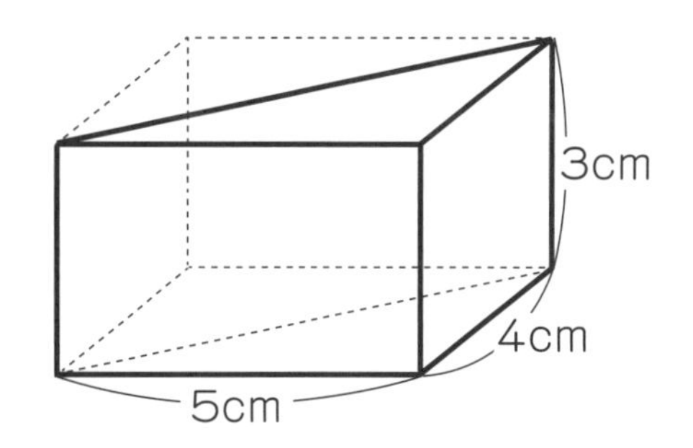

ということは，この三角柱の体積は
$4 \times 5 \times 3 \div 2 = 30(cm^3)$ だね。
$5 \times 4 \div 2 \times 3$ と表せば，これも（底面積）×（高さ）になるみたい。

よく気がついたぞ。角柱の体積も，円柱の体積も，
（角柱，円柱の体積）＝（底面積）×（高さ）
で求めることができるのだ！

 次の三角柱や円柱の体積は何 cm^3 ですか。

①

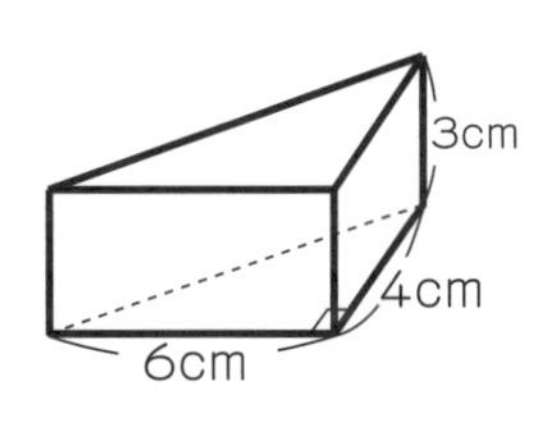

[式]

[答え]

②

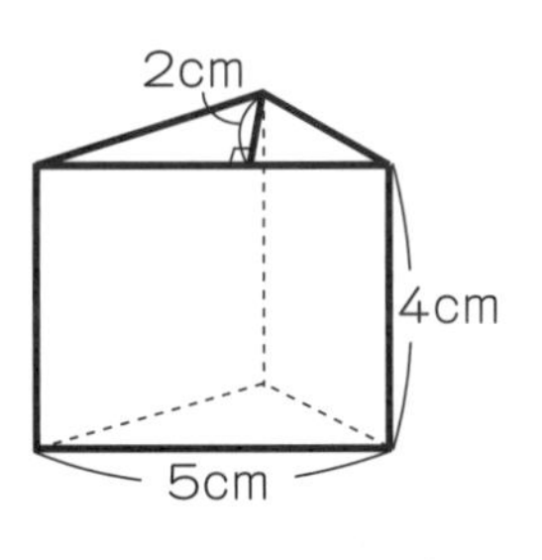

[式]

[答え]

③

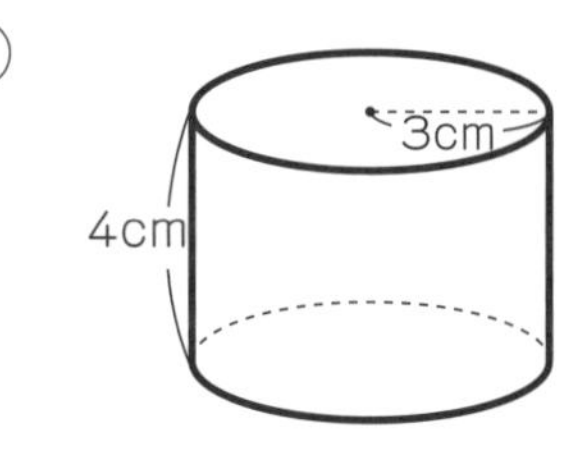

[式]

[答え]

算数

1 比① 2ページ

1 ① 30：100　② $\frac{3}{10}$

2 ① $\frac{2}{5}$　② $\frac{2}{3}$　③ $\frac{5}{2}$

かんがえかた

1② 30÷100 で求め，約分もします。

2 比② 3ページ

1 ① 2，2　② 4，4
③ 2，2　④ 3，3

2 ① 1：2　② 4：3
③ 4：3

かんがえかた

2 できるだけ小さい整数の比にしましょう。

3 円の面積① 4ページ

1 ① [式] 3×3×3.14=28.26
[答え] $28.26cm^2$
② [式] 4×4×3.14=50.24
[答え] $50.24cm^2$
③ [式] 10÷2=5
5×5×3.14=78.5
[答え] $78.5cm^2$

かんがえかた

1③半径は 5cm なので，5×5×3.14 を計算します。

4 円の面積② 5ページ

1 ① [式] 12×12×3.14×$\frac{1}{2}$
=226.08
[答え] $226.08cm^2$
② [式] 12×12×3.14×$\frac{1}{4}$
=113.04
[答え] $113.04cm^2$

かんがえかた

1 円を $\frac{1}{2}$ にしたら面積も $\frac{1}{2}$，$\frac{1}{4}$ にしたら面積も $\frac{1}{4}$ になります。

5 立体の体積① 6ページ

1 ① [式] 2×3×6=36
[答え] $36cm^3$
② [式] (3+7)×4÷2×5
=100
[答え] $100cm^3$
③ [式] 10×6÷2×3=90
[答え] $90cm^3$

かんがえかた

1 底面の形は，②は台形，③はひし形です。

6 立体の体積② 7ページ

1 ① [式] 6×4÷2×3=36
[答え] $36cm^3$
② [式] 5×2÷2×4=20
[答え] $20cm^3$
③ [式] 3×3×3.14×4
=113.04
[答え] $113.04cm^3$

かんがえかた

1③底面は円なので，底面積は，3×3×3.14 =28.26(cm^2) です。

チャ太郎ドリル
夏休み編

ステップアップノート

小学6年生

英語

1 Where did you go this summer?
あなたはこの夏にどこに行きましたか。

月　日

英語

Let's try!

1 次の英文をなぞりましょう。

①

あなたはこの夏にどこに行きましたか。

Where did you go this summer?

私は海に行きました。

I went to the sea.

②

あなたはこの春にどこに行きましたか。

Where did you go this spring?

私は山に行きました。

I went to the mountain.

月　日

2 What did you eat?
あなたは何を食べましたか。

「あなたは何を～しましたか。」は
(ホ)ワット　ディッド　ユー
What did you ～？で表すのだ。
「～した」を表す語は一語ずつ覚えるのだ。

チャタロ　(ホ)ワット　ディッド　ユー　イート
Chataro, what did you eat?
（チャ太郎，何を食べたのだ？）

アイ エイト ア　ハぁンバ～ガ　ふレンチ　ふライズ　スパゲティ
I ate a hamburger, French fries, spaghetti ...
（ぼくが食べたのはハンバーガーとフライドポテトとスパゲッティと…）

英語

Let's try!

1 次の英文をなぞりましょう。

①

あなたは何を食べましたか。

What did you eat?

私(わたし)はサンドイッチを食べました。

I ate a sandwich.

②

あなたは何を見ましたか。

What did you see?

私(わたし)は美しい魚を見ました。

I saw beautiful fish.

月　日

3 How was your summer vacation?
あなたの夏休みはどうでしたか。

英語

Let's try!

1 次の英文をなぞりましょう。

あなたの夏休みはどうでしたか。

How was your summer vacation?

私は祖父母に会いました。

I saw my grandparents.

私はつりを楽しみました。

I enjoyed fishing.

それは楽しかったです。

It was fun.

月　日

4 Where do monkeys live?

サルはどこに住んでいますか。

「～は…に住んでいます。」は～ live in .... と表すのだ。「～はどこに住んでいますか。」は Where do ～ live? と言うのだ。

Turtles live in the sea.
(カメは海に住んでいますね。)

Where do you live?
(あなたはどこに住んでいますか？)

Let's try!

1 次の英文をなぞりましょう。

①

サルはどこに住んでいますか。

Where do monkeys live?

サルは森に住んでいます。

Monkeys live in the forest.

②

クジラはどこに住んでいますか。

Where do whales live?

クジラは海に住んでいます。

Whales live in the sea.

英語

月 日

5 What do horses eat?
ウマは何を食べますか。

Let's try!

1 次の英文をなぞりましょう。

①

ウマは何を食べますか。

What do horses eat?

ウマは草を食べます。

Horses eat grass.

②

ペンギンは何を食べますか。

What do penguins eat?

ペンギンは魚を食べます。

Penguins eat fish.

6 Who is this?
こちらはだれですか。

Let's try!

1 次の英文をなぞりましょう。

①

こちらはだれですか。

Who is this?

かれは私の父です。

He is my father.

②

あちらはだれですか。

Who is that?

かの女はスミス先生です。

She is Ms. Smith.

英語

□月□日

7 She is a nurse.

かの女は看護師です。

英語

Let's try!

1 次の英文をなぞりましょう。

①

かの女は看護師です。

She is a nurse.

かの女は親切です。

She is kind.

②

かれは消防士です。

He is a fire fighter.

かれは強いです。

He is strong.

4 詩を読む

20ページ

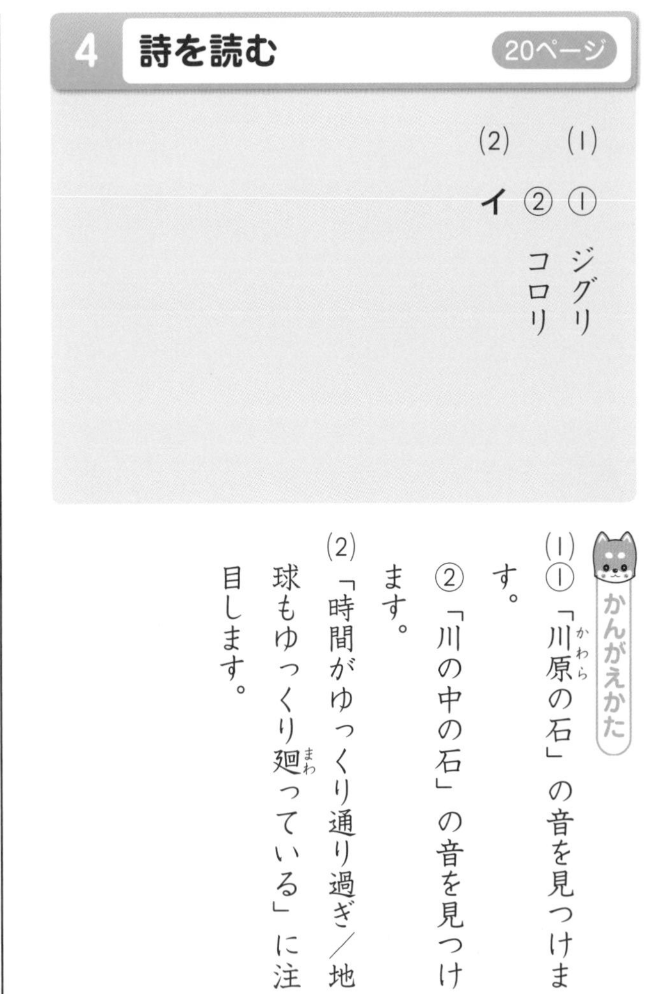

(1) ① ジグリ
② コロリ
(2) イ

かんがえかた

(1) ① 「川原（かわら）の石」の音を見つけます。
② 「川の中の石」の音を見つけます。
(2) 「時間がゆっくり通り過ぎ／地球もゆっくり廻（まわ）っている」に注目します。

5 説明文を読む

19ページ

(1) ウ
(2) ア
(3) 植物

かんがえかた

(1) 「そうはいってもやっぱり」と言い直せます。
(2) 直前の「トウモロコシは、あらゆる加工食品に含（ふく）まれています」という内容に注目します。
(3) 最後の一文に注目します。

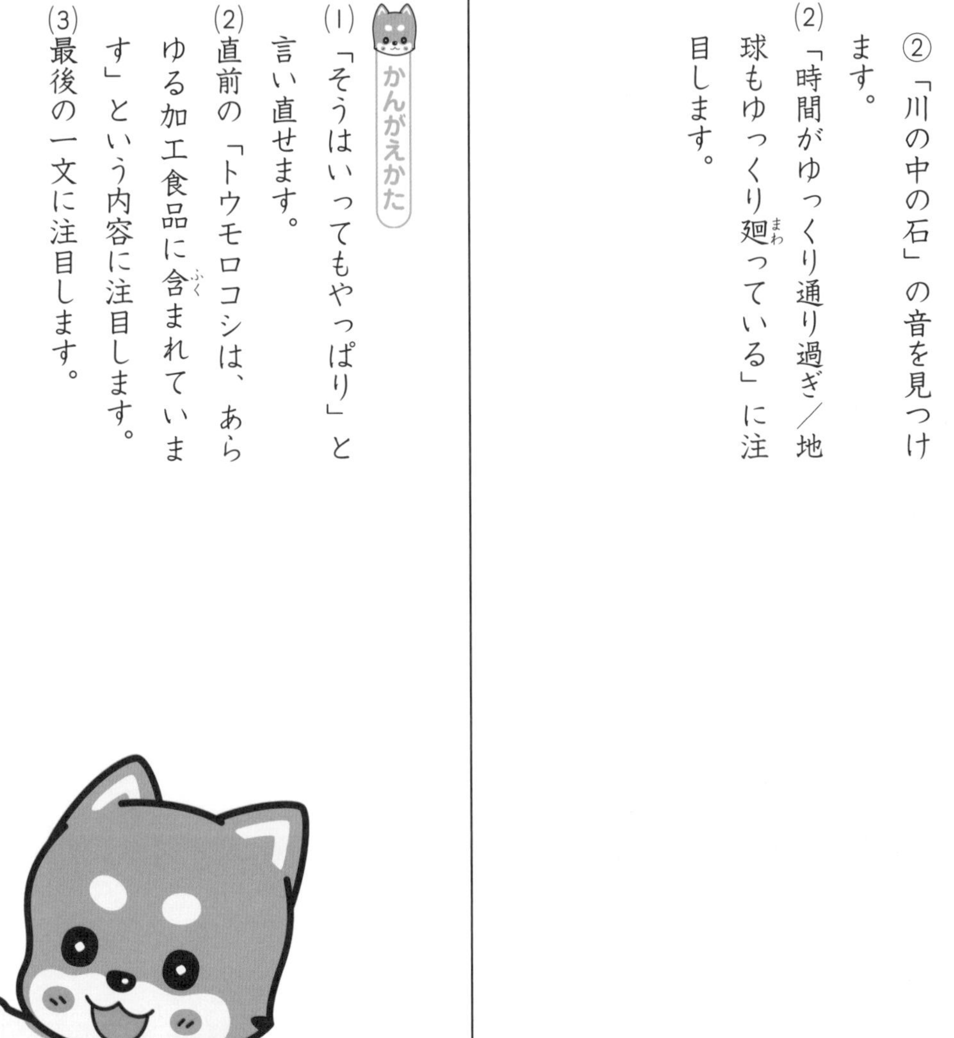

1 六年生の漢字 23ページ

1
① ざっし
② さくばん
③ かくだい・えんそう

2
① 染める
② 困る
③ 預ける
④ 延びる
⑤ 納める

かんがえかた

1 ③「拡大」は、広げて大きくするという意味です。

2 ②「困まる」としないよう注意しましょう。

⑤「おさめる」には、「治める」「修める」「納める」「収める」があります。「納める」は、お金や品物をわたすという意味です。チャ太郎（たろう）が言っていた「国をおさめる」は「治める」です。

2 熟語（じゅくご）の構成 22ページ

1
① ウ
② エ
③ ア
④ イ

2
① 外
② 受
③ 退
④ 楽
⑤ 重

かんがえかた

1 ①「品物の質」と考えましょう。ここでの「質」は、そのものがよいか悪いかを決める性質の意味です。

②「席に着く」と考えましょう。

2 ②「授受」は、あたえることと受け取ることです。

③「進退」は、進むこととさがることです。

3 物語文を読む 21ページ

(1) イ
(2) 職業

かんがえかた

(1) 小さいころとちがって、今の「わたし」には、なりたいと思う職業が見つからないのです。

(2)「わたし」が『小学生のための職業図鑑（ずかん）』を読んでいたことに注目します。

国語

国語

5 説明文を読む

月　日

答え 17ページ

●次の文章を読んで、あとの問いに答えましょう。

暮らしにとって何が重要な役割を果たしているかな？

筆者が述べていることをていねいに読み取ろう。

現在、化学物質や石油からさまざまなものをつくり出すことができますが、［　］、植物は私たちの暮らしに重要な役割を果たしています。日本の住宅の多くには、柱や壁、床、天井などあらゆる場所にスギ、ヒノキなどの木材が使われていますし、鉛筆の軸も木製です。Tシャツやジャージーに使われる木綿（コットン）はアオイ科の植物のワタからとれる繊維で、ご飯や味噌、豆腐も原材料は植物です。

また、生分解性プラスチックやバイオエタノール*の原料として近年注目されているトウモロコシは、あらゆる加工食品に含まれています。人間の体の4割はトウモロコシでつくられているという説も。昔も今も、植物なしに私たちの暮らしは成り立たないといえるでしょう。

（稲垣栄洋「知識ゼロからの植物の不思議」）

＊バイオエタノール…植物が作り出すものを原料として作られたアルコール。

(1) ［　］にあてはまる言葉を次から一つ選び、記号で答えましょう。

ア そうだからやっぱり
イ それなのにむしろ
ウ それでもやはり

（　　）

(2) ――線「人間の体の4割はトウモロコシでつくられている」とありますが、この文が伝えたいことは何ですか。次から一つ選び、記号で答えましょう。

ア 加工食品にはトウモロコシがたくさん使われている。
イ トウモロコシは加工食品にはあまり適さない。
ウ トウモロコシがないと人間は生きていけない。

（　　）

(3) この文章で筆者が述べたかったことを次のようにまとめました。［　］にあてはまる言葉を文章中から二字でぬき出しましょう。

・私たちの暮らしは、［　］なしには成り立たない。

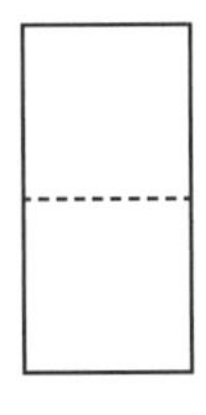

4 詩を読む

月　日

答え 17ページ

●次の詩を読んで、あとの問いに答えましょう。

丸い石　　あかし　けい子

ジグリ　ジャグリ　川原の石
①ふまれて　こすれて　丸くなる
コロリ　シャラリ　川の中の石
②ころがり　ぶつかり　丸くなる

丸い大きな石の上
水鳥すまして立っている
時間がゆっくり通り過ぎ
地球もゆっくり廻っている
風の音を聴きながら
③水鳥動かず立っている

ジグリ　ジャグリ　丸い石
一つ拾って帰ったら
ノートの上で
こっそりと
風のとびらを
開けている

(1) ――線①「ふまれて　こすれて」、――線②「ころがり　ぶつかり」とありますが、そのときの音はどう表されていますか。詩の中からそれぞれ八字以内でさがし、はじめの三字をぬき出しましょう。

①
②

(2) ――線③「水鳥動かず立っている」とありますが、どんな様子を表していますか。次から一つ選び、記号で答えましょう。

ア　時間があわただしく過ぎている様子。
イ　時間がゆっくり過ぎている様子。
ウ　風が強く水鳥にふきつけている様子。
エ　水鳥がけんめいにえさをさがしている様子。　（　　）

国語

3 物語文を読む

国語

月　日

答え 18ページ

●次の文章を読んで、あとの問いに答えましょう。

登場人物が何をしているかに注目しよう。

どんなことを考えているかも書かれているね！

土曜日の午後、ぱたんと本をとじると、①わたしはベッドにねころがった。

本のタイトルは、『小学生のための職業図鑑（ずかん）』。作文を書こうとして、きのう、図書館から借りてきたのだ。

図鑑は、イラスト入りでわかりやすく、たくさんの職業がのっていた。＊ファイナンシャルプランナーとか、＊ブライダルコーディネーターなどはじめてきくカタカナの職業も出ている。

けれども、自分にぴったりと思える②ものはなかなか見つからない。

ずっと小さいころは、夢がたくさんあった。

バレリーナになって、大きな舞台（ぶたい）でおどるとか、水泳選手になって金メダルをとるとか。妖精（ようせい）になりたいって、本気でいってたこともある。

（赤羽（あかはね）じゅんこ「ピアスの星」）

＊ファイナンシャルプランナー…相談者の夢を経済（けいざい）面から実現する方法を提案する仕事をする人。

＊ブライダルコーディネーター…結婚（けっこん）式の内容を提案する仕事をする人。

(1) ――線①「わたしはベッドにねころがった」とありますが、このときの「わたし」の様子を次から一つ選び、記号で答えましょう。

ア 小さいころからの夢を追いかけようと思っている。

イ 追いかけたい夢が見つからず、ぼんやりしている。

ウ 自分には可能性があると思いうれしくなっている。

エ 夢を追いかけずにまじめに生きようと思っている。

（　　）

(2) ――線②「もの」とありますが、何のことですか。文章中から二字でぬき出しましょう。

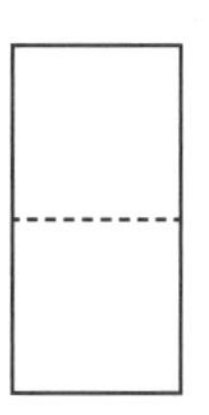

2 熟語の構成

月　日

答え 18ページ

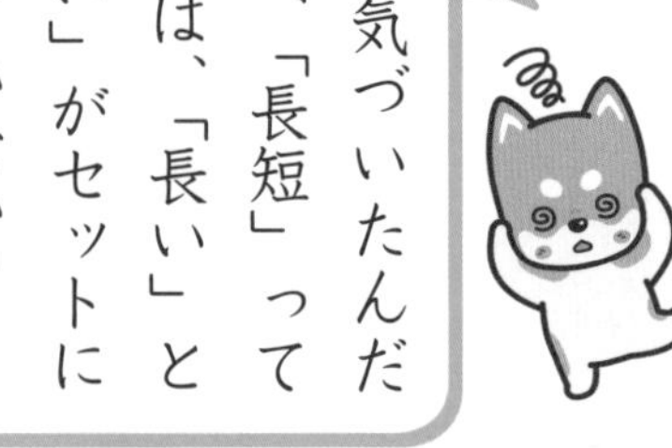

いま気づいたんだけど、言葉は、「長短」って「長い」と「短い」がセットになっていない？
そうだね、反対の意味の漢字二つで一つの熟語になってるね！

熟語の構成は他にもあるよね。まつじい、教えてください！

熟語の構成には、次のようなものがあるぞ！

・**似た意味の漢字の組み合わせ**
　例 道路　方法
・**意味が対になる漢字の組み合わせ**
　例 強弱　遠近
・**上の漢字が下の漢字を修飾する関係にある組み合わせ**
　例 黒板　再会
・**「――を」「――に」にあたる意味の漢字が下に来る組み合わせ**
　例 作文　消火

1 次の熟語の成り立ちをあとから選び、それぞれ記号で答えましょう。

① 品質（　　）
② 着席（　　）
③ 温暖（　　）
④ 発着（　　）

ア 似た意味の漢字の組み合わせ。
イ 意味が対になる漢字の組み合わせ。
ウ 上の漢字が下の漢字を修飾する関係にある組み合わせ。
エ 「――を」「――に」にあたる意味の漢字が下に来る組み合わせ。

2 次の□に、上の漢字と意味が対になる漢字をあてはめて、熟語をつくりましょう。

① 内□　② 授□　③ 進□
④ 苦□　⑤ 軽□

国語

1 六年生の漢字

国語

月　日

答え 18ページ

「おさめる」って漢字は「さんずい」を使うんだったっけ？

え？「いとへん」だと思ってたけど、どうだったかな？

ちょっと待って。二人とも「おさめる」について話しているけど、ちがう漢字の話をしているのだ。
え？ ぼくは、「国をおさめる」の「おさめる」を考えてたよ。

えー、「税金をおさめる」だと思ってたよ。
「おさめる」の漢字はいろいろあるから、意味から使い分けるのだぞ。

1 次の――線の漢字の読みを（　）に書きましょう。

① おもしろい雑誌を読んだ。（　　）

② 昨晩は楽団の演奏をきいた。（　　）（　　）

③ 小さい地図を拡大する。（　　）

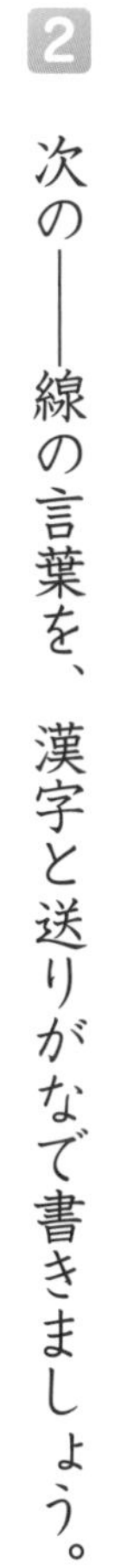

2 次の――線の言葉を、漢字と送りがなで書きましょう。

① 布をきれいな色にそめる。（　　）

② 道順がわからなくてこまる。（　　）

③ 銀行にお金をあずける。（　　）

④ 出発の時間がのびる。（　　）

⑤ 税金をおさめる。（　　）

国語は，ここからはじまるよ！

算数と英語は，反対側のページからはじまるのだ!

本誌・答え

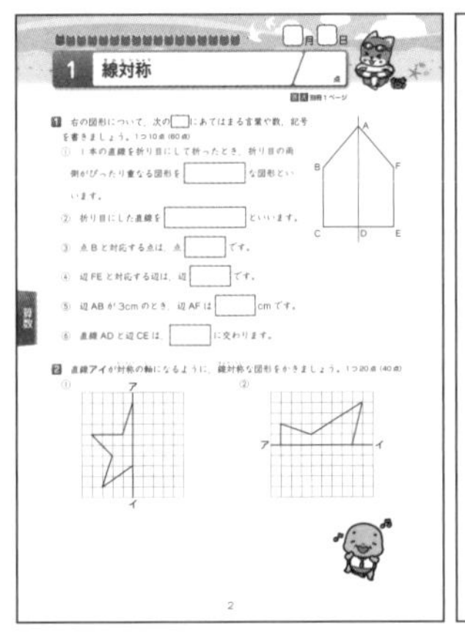

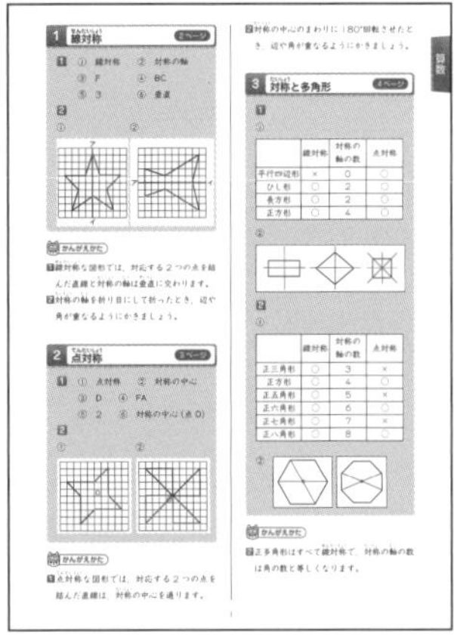

算数は，１学期の確認を14回に分けて行い，最後にまとめ問題を３回分入れています。国語は，１学期の確認を17回に分けて行います。英語は役立つ英語表現を８回に分けて学習し，最後にまとめ問題を３回分入れています。１回分は１ページで，お子様が無理なくやりきることのできる問題数にしています。

ステップアップノート

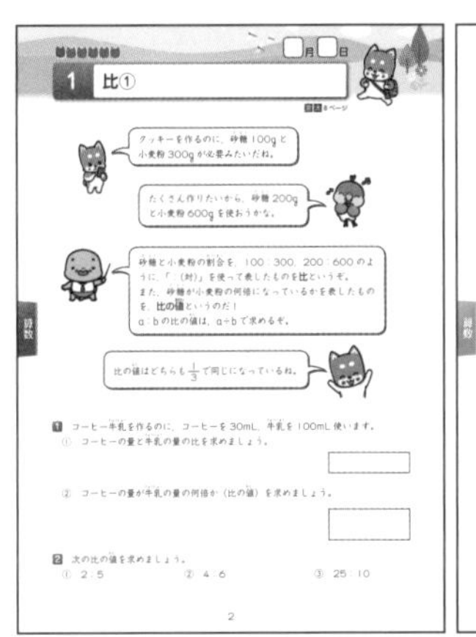

２学期の準備を，算数は６回，国語は５回に分けて行います。英語は役立つ英語表現を７回に分けて学習します。チャ太郎と仲間たちによる楽しい導入で，未習内容でも無理なく取り組めるようにしています。答えは，各教科の最後のページに掲載しています。

特別付録：ポスター「６年生で習う漢字」「英語×世界地図」

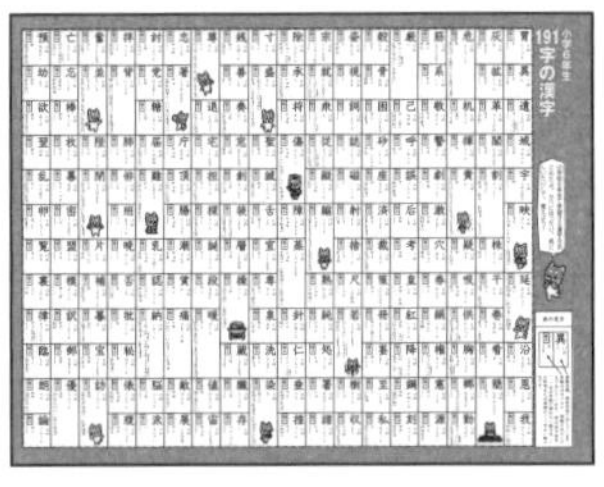

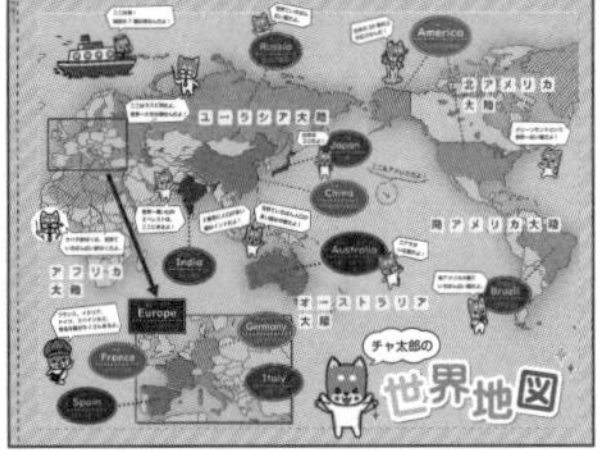

お子様の学習に対する興味・関心を引き出すポスターです。「英語×世界地図」のポスターでは，ところどころに英単語を載せ，楽しく英単語を覚えられるようにしています。

本書の使い方

まず，本誌からはじめましょう。本誌の問題をすべて解き終えたら，ステップアップノートに取り組みましょう。

①算数・国語は１日１回分，英語は２日に１回分の問題に取り組むことを目標にしましょう。

②問題を解いたら，答え合わせをしましょう。「かんがえかた」も必ず読んで，理解を深めましょう。

③答え合わせが終わったら，巻末の「わくわくカレンダー」に，シールを貼りましょう。

チャ太郎ドリル　夏休み編　小学６年生
算数・英語

算数

英語

国語は
反対側のページから
はじまるよ!

チャ太郎ドリル　夏休み編

小学6年生

算数

1 線対称

点

答え 別冊1ページ

1 右の図形について，次の□にあてはまる言葉や数，記号を書きましょう。1つ10点（60点）

① 1本の直線を折り目にして折ったとき，折り目の両側がぴったり重なる図形を□な図形といいます。

② 折り目にした直線を□といいます。

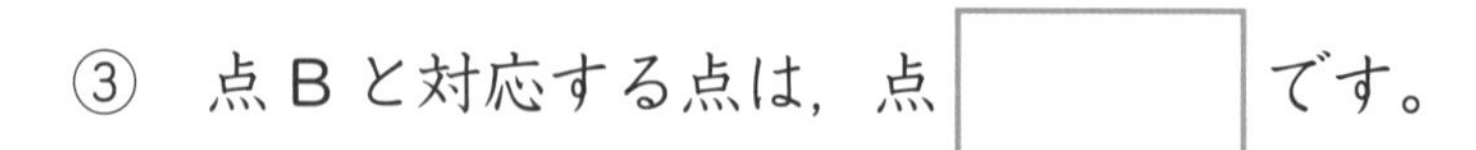

③ 点Bと対応する点は，点□です。

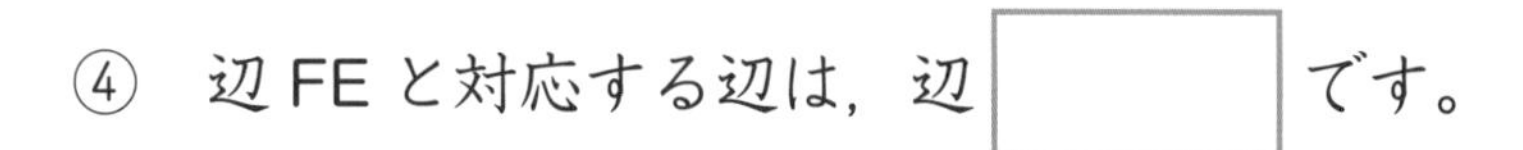

④ 辺FEと対応する辺は，辺□です。

⑤ 辺ABが3cmのとき，辺AFは□cmです。

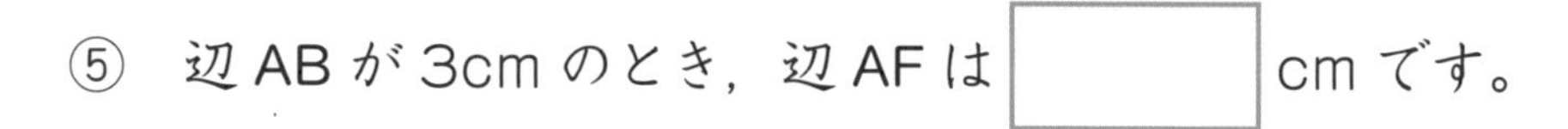

⑥ 直線ADと辺CEは，□に交わります。

算数

2 直線**アイ**が対称の軸になるように，線対称な図形をかきましょう。1つ20点（40点）

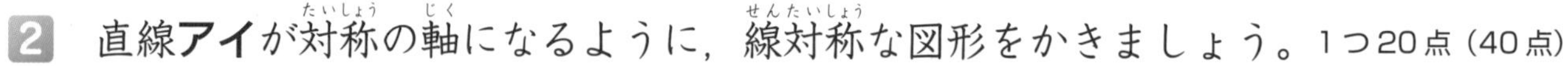

①

②

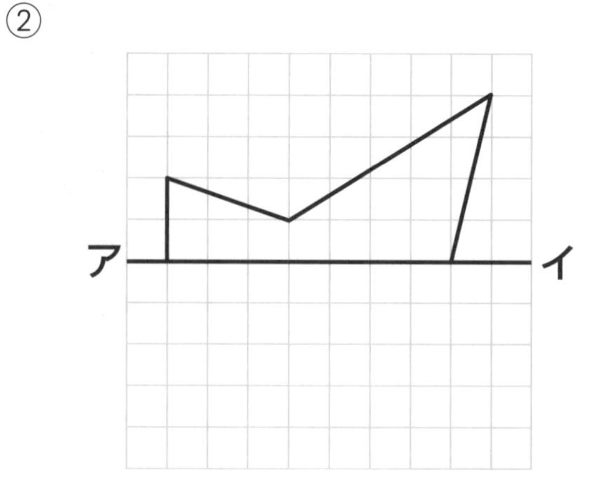

2 点対称（てんたいしょう）

月　日

点

答え 別冊 1 ページ

1 右の図形について，次の□にあてはまる言葉や数，記号を書きましょう。1つ10点（60点）

① 1つの点のまわりに 180°回転させたとき，もとの図形にぴったり重なる図形を

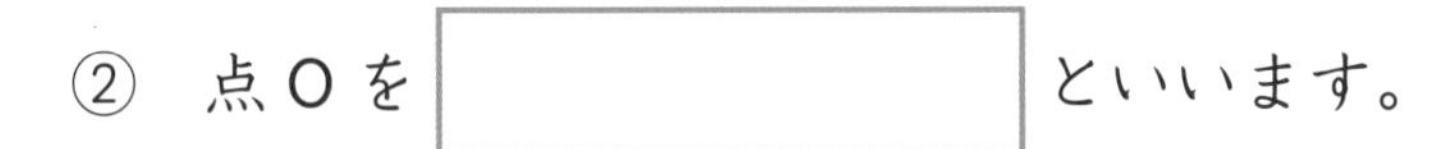

□な図形といいます。

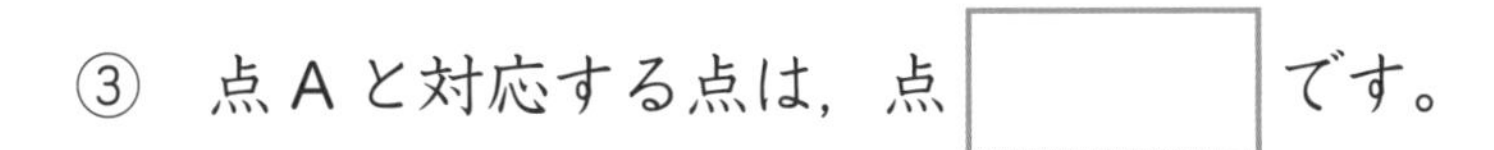

② 点 O を□といいます。

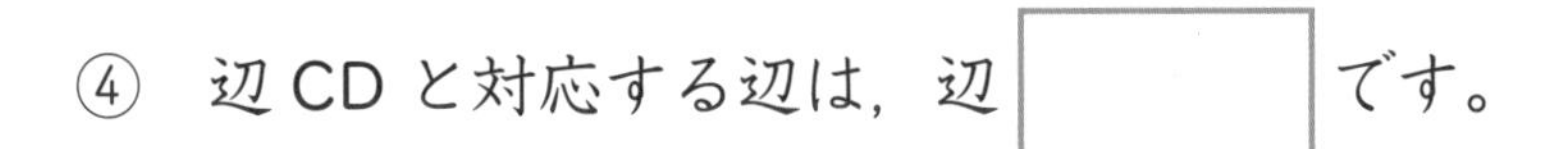

③ 点 A と対応する点は，点□です。

④ 辺 CD と対応する辺は，辺□です。

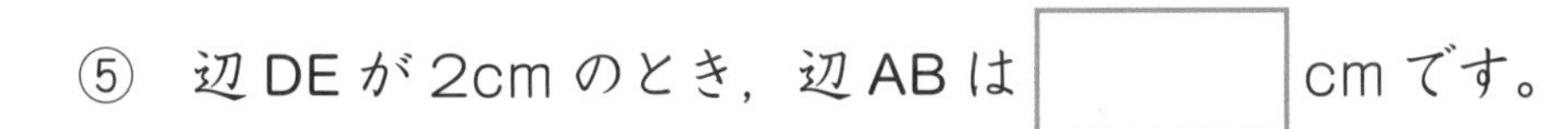

⑤ 辺 DE が 2cm のとき，辺 AB は□cm です。

⑥ 直線 AD と直線 BE は，□で交わります。

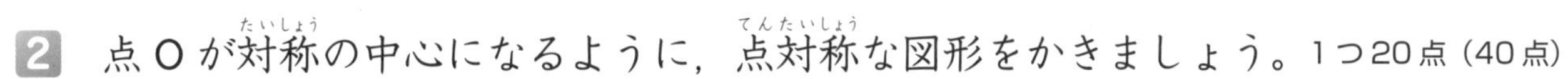

2 点 O が対称（たいしょう）の中心になるように，点対称（てんたいしょう）な図形をかきましょう。1つ20点（40点）

①

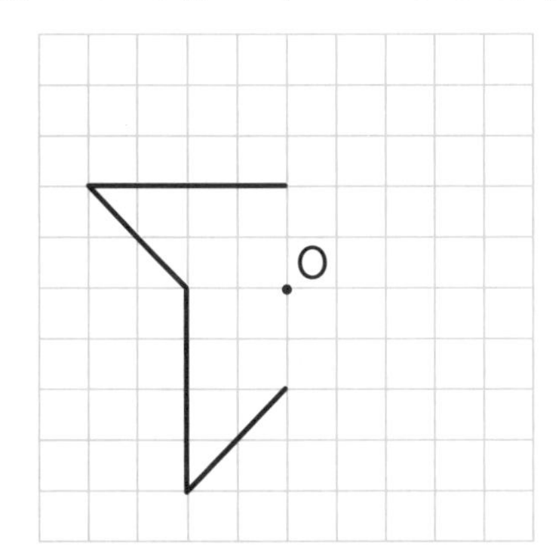

②

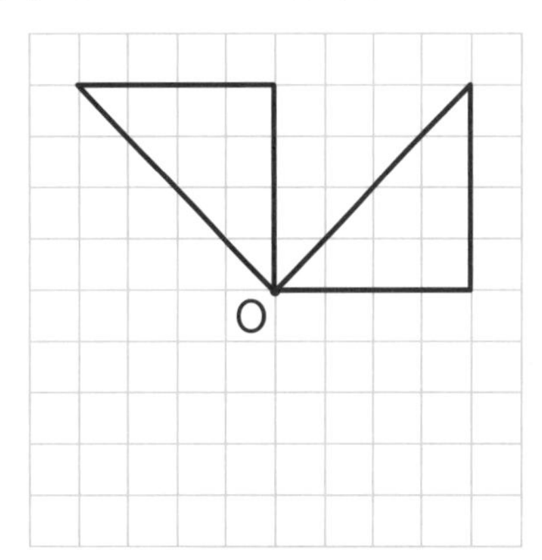

算数

3 対称と多角形

月　日

点

答え 別冊1ページ

1 下の4つの図形について，次の問いに答えましょう。1つ25点（50点），各完答

① 下の表を完成させましょう。

	線対称	対称の軸の数	点対称
平行四辺形	×	0	○
ひし形			
長方形			
正方形			

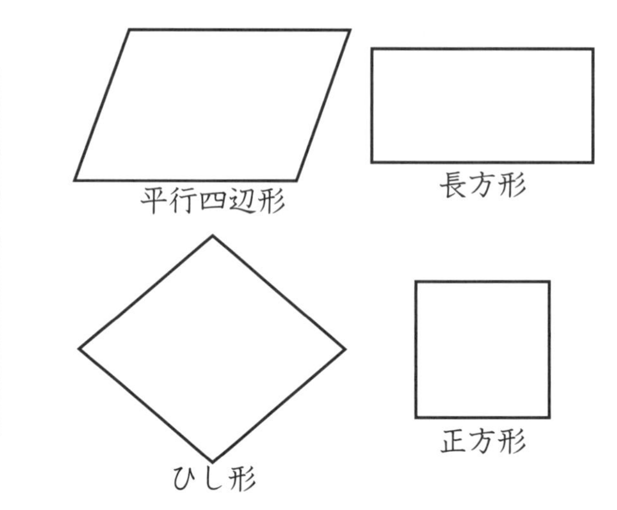

② 右上の4つの図形で，線対称な図形に対称の軸をすべてかきこみましょう。

2 正多角形について，次の問いに答えましょう。1つ25点（50点），各完答

① 下の表を完成させましょう。

	線対称	対称の軸の数	点対称
正三角形	○	3	×
正方形			
正五角形			
正六角形			
正七角形			
正八角形			

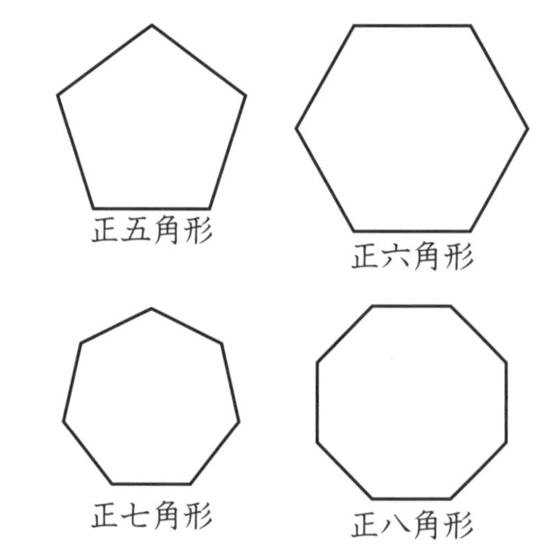

② 右上の4つの図形で，点対称な図形に対称の中心をかきこみましょう。

算数

月　日

4 文字と式①

点

答え 別冊2ページ

1 しょうこさんは，1個120円のりんごを買いに行きました。りんごをつめるかごの値段（ねだん）は，1つ80円です。　①10点，②式10点，答え10点（30点）

① りんご x 個を1つのかごにつめたときの，代金の合計を，式に表しましょう。

② りんご3個を1つのかごにつめたときの，代金の合計を求めましょう。

[式]

[答え]

2 25dLのお茶があります。①②10点，③式10点，答え10点（40点）

① x dL飲んだときの，残りのお茶の量を式に表しましょう。

② 1人あたり x dLずつ，3人で飲んだときの，残りのお茶の量を式に表しましょう。

③ 1人あたり4dLずつ，3人で飲んだときの，残りのお茶の量を求めましょう。

[式]

[答え]

3 3mのリボンがあります。①10点，②式10点，答え10点（30点）

① x 人で等分したときの，1人あたりのリボンの長さを式に表しましょう。

② 5人で等分したときの1人あたりのリボンの長さを求めましょう。

[式]

[答え]

算数

月　日

5 文字と式②

点

答え 別冊2ページ

1 ゆうたさんは，110円のパンx個と140円のジュースを買いに来ました。

①10点，②式10点，答え10点（30点）

① 代金の合計をy円として，xとyの関係を式に表しましょう。

② パンを4個買うとき，代金の合計はいくらになりますか。

[式]

[答え]

2 縦(たて)が6cm，横が$x$cmの長方形があります。①10点，②式10点，答え10点（30点）

① 面積を$y$cm²として，xとyの関係を式に表しましょう。

② 横が5cmのとき，面積は何cm²になりますか。

[式]

[答え]

3 次の①～④の式は，どのような場面を表していますか。**ア**～**エ**から選んで，記号で答えましょう。1つ10点（40点）

① $32+x=y$　（　　）　② $32-x=y$　（　　）

③ $32\times x=y$　（　　）　④ $32\div x=y$　（　　）

ア 1個32円のあめをx個買います。代金の合計はy円です。
イ おはじきを32個持っています。姉からx個のおはじきをもらったとき，持っているおはじきの数はy個になります。
ウ 32gの塩を同じ量ずつx回にわけて使います。1回に使う塩の量はygです。
エ 32人の生徒がいます。男子の人数がx人のとき，女子の人数はy人です。

算数

□月□日

6 分数と整数のかけ算

点

答え 別冊2ページ

1 次の計算をしましょう。1つ7点（84点）

① $\frac{2}{3}\times4$　② $\frac{4}{5}\times3$　③ $\frac{3}{7}\times2$

④ $\frac{1}{8}\times4$　⑤ $\frac{3}{4}\times2$　⑥ $\frac{5}{12}\times8$

⑦ $1\frac{2}{3}\times4$　⑧ $2\frac{3}{5}\times2$　⑨ $1\frac{1}{7}\times3$

⑩ $1\frac{1}{6}\times5$　⑪ $2\frac{2}{9}\times3$　⑫ $2\frac{3}{4}\times8$

帯分数は仮分数に直してから計算するんだぞ。

2 $\frac{5}{4}$ Lのジュースが入ったペットボトルが6本あります。ジュースはあわせて何Lありますか。式8点，答え8点（16点）

[式]

[答え]

算数

月　日

7 分数と整数のわり算

点

答え 別冊2ページ

1 次の計算をしましょう。1つ7点（84点）

① $\frac{2}{5}\div3$　② $\frac{4}{5}\div5$　③ $\frac{3}{10}\div4$

④ $\frac{4}{9}\div2$　⑤ $\frac{3}{8}\div6$　⑥ $\frac{6}{7}\div3$

⑦ $1\frac{2}{3}\div6$　⑧ $2\frac{4}{7}\div5$　⑨ $2\frac{3}{4}\div18$

⑩ $1\frac{2}{5}\div14$　⑪ $2\frac{5}{8}\div6$　⑫ $5\frac{1}{7}\div27$

帯分数は仮分数に直してから計算することに注意しよう。

2 $3\frac{3}{11}$kgのすいかがあります。このすいかを6人で等分すると，1人分は何kgになりますか。式8点，答え8点（16点）

[式]

[答え]

算数

月　日

8 分数のかけ算①

点

答え 別冊3ページ

1 次の計算をしましょう。1つ7点（84点）

① $\frac{4}{7}\times\frac{2}{3}$　② $\frac{3}{5}\times\frac{1}{2}$　③ $\frac{2}{9}\times\frac{4}{5}$

④ $\frac{3}{4}\times\frac{1}{5}$　⑤ $\frac{2}{3}\times\frac{1}{3}$　⑥ $\frac{3}{7}\times\frac{3}{4}$

⑦ $2\frac{2}{3}\times\frac{2}{3}$　⑧ $1\frac{4}{5}\times\frac{1}{4}$　⑨ $\frac{3}{5}\times3\frac{1}{2}$

⑩ $1\frac{1}{2}\times2\frac{3}{4}$　⑪ $1\frac{4}{7}\times1\frac{1}{5}$　⑫ $1\frac{2}{3}\times3\frac{5}{6}$

$\frac{a}{b}\times\frac{c}{d}=\frac{a\times c}{b\times d}$だぞ。

2 1mあたり$\frac{3}{4}$kgの棒（ぼう）があります。この棒（ぼう）$2\frac{1}{2}$mの重さは何kgですか。

式8点，答え8点（16点）

[式]

[答え]

算数

月　日

9 分数のかけ算②

点

答え 別冊3ページ

1 次の計算をしましょう。1つ7点（84点）

① $\frac{3}{4}\times\frac{2}{5}$　② $\frac{2}{3}\times\frac{4}{6}$　③ $\frac{4}{7}\times\frac{14}{15}$

④ $\frac{3}{10}\times\frac{5}{6}$　⑤ $\frac{4}{9}\times\frac{3}{8}$　⑥ $\frac{7}{12}\times\frac{8}{21}$

⑦ $3\frac{1}{5}\times\frac{15}{28}$　⑧ $1\frac{5}{8}\times1\frac{1}{5}$　⑨ $\frac{14}{27}\times2\frac{4}{7}$

⑩ $1\frac{1}{6}\times1\frac{1}{35}$　⑪ $2\frac{2}{5}\times2\frac{1}{12}$　⑫ $3\frac{7}{9}\times1\frac{10}{17}$

約分できるときは，計算のとちゅうで約分すると簡単(かんたん)なのだ。

2 1dLで $1\frac{1}{4}$ m² ぬれるペンキがあります。このペンキ $2\frac{2}{7}$ dLでは何m²ぬれますか。式8点，答え8点（16点）

[式]

[答え]

算数

□月□日

10 分数のかけ算③

点

答え 別冊3ページ

1 次の計算をしましょう。1つ10点（90点）

① $0.3\times\frac{1}{4}$　② $0.7\times2\frac{1}{2}$　③ $1\frac{2}{3}\times1.5$

④ $\frac{6}{7}\times\frac{1}{2}\times\frac{3}{4}$　⑤ $\frac{9}{14}\times\frac{7}{8}\times\frac{2}{3}$

⑥ $4\frac{1}{2}\times\frac{8}{15}\times\frac{5}{6}$　⑦ $1\frac{5}{7}\times1\frac{1}{9}\times3\frac{4}{15}$

⑧ $1.4\times1\frac{3}{7}\times\frac{3}{4}$　⑨ $3\frac{1}{8}\times0.9\times1\frac{1}{3}$

2 縦（たて）が $5\frac{1}{4}$ cm，横が $6\frac{6}{7}$ cm，高さが $\frac{5}{8}$ cm の直方体の体積は何 cm^3 ですか。

式5点，答え5点（10点）

[式]

[答え]

算数

月　日

11 分数のわり算①

点

答え 別冊3ページ

1 次の計算をしましょう。1つ7点（84点）

① $\frac{1}{15}\div\frac{2}{7}$　② $\frac{2}{9}\div\frac{1}{7}$　③ $\frac{3}{8}\div\frac{7}{9}$

④ $1\frac{1}{9}\div\frac{3}{4}$　⑤ $2\frac{1}{2}\div\frac{6}{7}$　⑥ $1\frac{3}{5}\div\frac{3}{4}$

⑦ $\frac{1}{4}\div1\frac{2}{5}$　⑧ $\frac{2}{3}\div1\frac{3}{8}$　⑨ $\frac{3}{5}\div2\frac{1}{6}$

⑩ $1\frac{1}{7}\div1\frac{1}{6}$　⑪ $1\frac{2}{7}\div1\frac{1}{4}$　⑫ $1\frac{2}{5}\div2\frac{2}{3}$

$\frac{a}{b}\div\frac{c}{d}=\frac{a}{b}\times\frac{d}{c}$ になるよ。

2 面積が $4\frac{2}{3}$ cm² の平行四辺形があります。この平行四辺形の底辺が $1\frac{4}{5}$ cm のとき，高さは何 cm になりますか。式8点，答え8点（16点）

[式]

[答え]

算数

月　日

12 分数のわり算②

点

答え 別冊4ページ

1 次の計算をしましょう。1つ7点（84点）

① $\frac{3}{4}\div\frac{1}{2}$　② $\frac{4}{5}\div\frac{2}{15}$　③ $\frac{7}{18}\div\frac{2}{3}$

④ $1\frac{3}{7}\div\frac{5}{6}$　⑤ $3\frac{3}{8}\div\frac{5}{12}$　⑥ $2\frac{1}{4}\div\frac{3}{10}$

⑦ $\frac{2}{3}\div2\frac{2}{3}$　⑧ $\frac{5}{8}\div3\frac{1}{4}$　⑨ $\frac{6}{35}\div1\frac{2}{7}$

⑩ $2\frac{3}{4}\div4\frac{2}{5}$　⑪ $1\frac{7}{9}\div4\frac{4}{5}$　⑫ $3\frac{3}{7}\div1\frac{4}{5}$

2 秒速 $3\frac{3}{4}$ m で飛ぶ虫が，$1\frac{1}{2}$ m 飛ぶのにかかる時間は何秒ですか。

式8点，答え8点（16点）

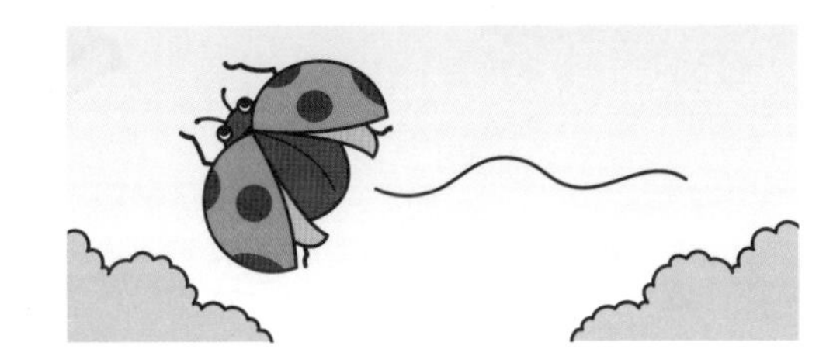

[式]

[答え]

算数

月　日

13 分数のわり算③

点

答え 別冊 4 ページ

1 次の計算をしましょう。1つ10点（90点）

① $\frac{1}{3}\div0.4$　② $0.7\div\frac{2}{15}$　③ $0.5\div1\frac{1}{8}$

④ $\frac{3}{4}\div\frac{2}{5}\div\frac{4}{5}$　⑤ $\frac{5}{6}\div\frac{2}{3}\times\frac{2}{7}$

⑥ $\frac{3}{7}\times1\frac{5}{9}\div3\frac{1}{3}$　⑦ $1\frac{5}{8}\div\frac{2}{3}\div2\frac{7}{16}$

⑧ $2.7\div1\frac{3}{5}\times\frac{4}{9}$　⑨ $\frac{3}{4}\times2\frac{2}{5}\div1.6$

すべてかけ算に直してから計算するとわかりやすくなるぞ。

2 $4\frac{4}{7}$m で 0.8kg の木材があります。この木材は 1m あたり何 kg ですか。

式5点，答え5点（10点）

[式]

[答え]

算数

□月□日

14 分数の倍

点

答え 別冊4ページ

1 右の表は，5円玉，10円玉，100円玉の重さをそれぞれ表したものです。 式10点，答え10点（40点）

	重さ（g）
5円玉	$3\frac{3}{4}$
10円玉	$4\frac{1}{2}$
100円玉	$4\frac{4}{5}$

① 5円玉の重さは，10円玉の重さの何倍ですか。

[式]

[答え]

② 100円玉の重さは，10円玉の重さの何倍ですか。

[式]

[答え]

2 リボンAの長さは60cmです。リボンBの長さはリボンAの$\frac{3}{8}$倍，リボンCの長さはリボンAの長さの$\frac{7}{12}$倍です。式10点，答え10点（40点）

① リボンBの長さは何cmですか。分数で答えましょう。

[式]

[答え]

② リボンCの長さは何cmですか。

[式]

[答え]

3 はさみの値段(ねだん)は210円で，これはのりの値段(ねだん)の$\frac{7}{4}$倍です。のりの値段(ねだん)は何円ですか。式10点，答え10点（20点）

[式]

[答え]

算数

15 まとめ問題①

線対称，点対称，対称と多角形

点

答え 別冊 4 ページ

1 右の図の直線**アイ**が対称の軸となるように，線対称な図形をかきましょう。また，点 O が対称の中心となるように，点対称な図形をかきましょう。1つ10点（20点）

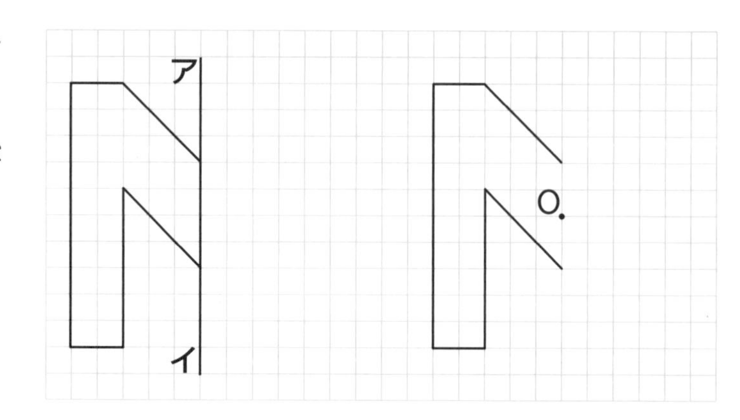

2 右の図は，線対称な図形です。1つ10点（40点）

① 対称の軸を図にかきましょう。

② 辺 FG の長さは何 cm ですか。

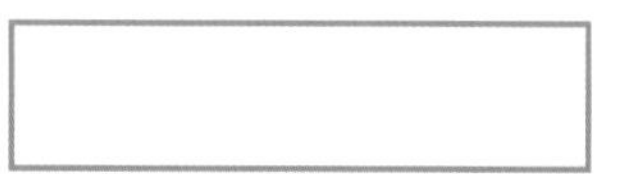

③ 角 B の大きさは何度ですか。

④ 点 J と対応する点 K を図にかきましょう。

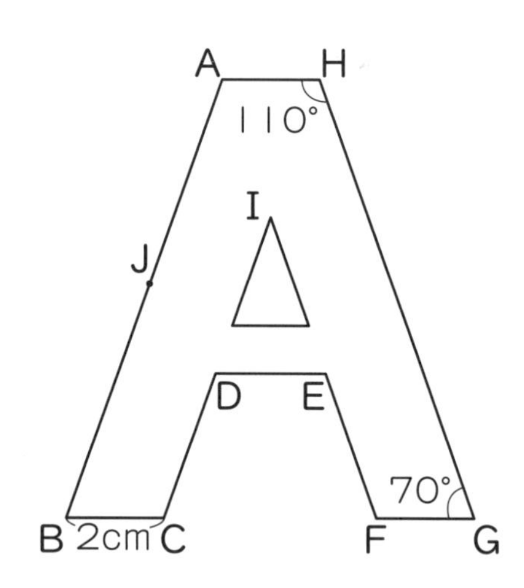

3 右の図は，点対称な図形です。1つ10点（40点）

① 対称の中心（点 O）を図にかきましょう。

② 辺 DE の長さは何 cm ですか。

③ 角 I の大きさは何度ですか。

④ 点 K と対応する点 L を図にかきましょう。

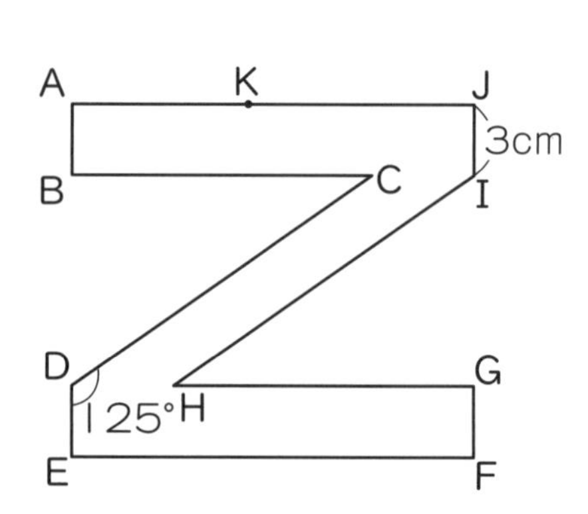

算数

□月□日

16 まとめ問題②

文字と式，分数と整数のかけ算・わり算

点

答え 別冊 5 ページ

1 底辺が 8cm の三角形があります。この三角形の高さが x cm のときの面積を y cm² とします。①8点，②式8点，答え8点（24点）

① x と y の関係を式に表しましょう。

② 高さが 3cm のとき，面積は何 cm² になりますか。

[式]

[答え]

2 次の計算をしましょう。1つ8点（48点）

① $\frac{2}{5}\times3$　② $4\times\frac{5}{6}$　③ $2\frac{1}{3}\times12$

④ $\frac{3}{4}\div2$　⑤ $9\div\frac{6}{7}$　⑥ $1\frac{3}{5}\div6$

3 1個 $4\frac{2}{3}$ g のあめがあります。このあめ6個分の重さは何 g ですか。

式7点，答え7点（14点）

[式]

[答え]

4 14冊(さつ)の厚さが $10\frac{1}{2}$ cm のノートがあります。このノート1冊(さつ)分の厚さは何 cm ですか。式7点，答え7点（14点）

[式]

[答え]

算数

月　日

17 まとめ問題③
分数のかけ算・わり算，分数の倍

点

答え 別冊5ページ

1 次の計算をしましょう。1つ5点（40点）

① $\frac{5}{7}\times\frac{2}{3}$　② $3\frac{1}{5}\times\frac{15}{16}$　③ $2\frac{1}{4}\times1\frac{1}{6}$

④ $\frac{1}{3}\div\frac{3}{8}$　⑤ $\frac{3}{4}\div2\frac{1}{6}$　⑥ $1\frac{7}{8}\div2\frac{1}{2}$

⑦ $0.3\times1\frac{5}{6}$　⑧ $\frac{3}{8}\times1\frac{1}{5}\div2.7$

算数

2 $1cm^2$ あたり $2\frac{1}{5}$g の木の板があります。この木の板 $8\frac{1}{3}cm^2$ の重さは何 g ですか。分数で答えましょう。式10点，答え10点（20点）

[式]

[答え]

3 $2\frac{4}{7}$km の道のりを $\frac{5}{7}$時間で歩く人がいます。この人の歩く速さは，時速何 km ですか。式10点，答え10点（20点）

[式]

[答え]

4 筆箱の値段（ねだん）は540円で，ペンの値段（ねだん）の $\frac{15}{4}$倍です。ペンの値段（ねだん）は何円ですか。
式10点，答え10点（20点）

[式]

[答え]

チャ太郎ドリル　夏休み編

小学6年生

英語

□月□日

1 I’m John.
ぼくはジョンです。

答え 別冊 5 ページ

英語

1 次の絵に合う文を**ア**～**ウ**から選んで（　　）に記号を書きましょう。

① （　　　） ② （　　　） ③ （　　　）

ア I’m from China.　**イ** I’m John.　**ウ** I like birds.

2 次の絵に合う英語になるように，□の語を１つずつ使って書きましょう。

あなたはネコが好きですか。

はい，好きです。

________ you ________ cats?

— ________ , I ________ .

Do do Yes like

月　日

2 When is your birthday?
あなたのたん生日はいつですか。

答え 別冊5ページ

Let's try!

1 次の絵に合うように，表の（　　）に正しい数字を書きましょう。

	たん生日
ケンタ	①（　　）月21日
ルーシー	②（　　）月4日

2 次の絵に合う英語になるように，□の語を1つずつ使って書きましょう。

たん生日はいつですか。

2月 13日

2月13日です。

＿＿＿＿ ＿＿＿＿ your birthday?

— My birthday is ＿＿＿＿ 13th.

When February is

□月□日

3 What do you usually do on Saturdays?
あなたは土曜日にふだん何をしますか。

答え 別冊6ページ

英語

Let's try!

1 次の絵に合うように，**ア**～**エ**から選んで，表の（　　）に記号を書きましょう。

I usually walk my dog on Saturdays.
I usually practice soccer on Sundays.

	ふだんすること
土曜日	①（　　）
日曜日	②（　　）

ア イヌの散歩　　**イ** 部屋のそうじ
ウ 皿洗(あら)い　　**エ** サッカーの練習

2 次の絵に合う英語になるように，□の語を1つずつ使って書きましょう。

土曜日にふだん何をしますか。

テレビを見ます。

________ do you usually ________ on Saturdays?

— I usually ________ TV on Saturdays.

watch　do　What

月　日

4 What time do you go to bed?
あなたは何時にねますか。

答え 別冊6ページ

Let's try!

1 予定表に合うように，ア～ウから選んで，(　　)に記号を書きましょう。

予定表	
7時	起きる
7時30分	朝食を食べる
8時	学校に行く

① I get up at (　　　　).
② I eat breakfast at (　　　　).
③ I go to school at (　　　　).

ア 8:00　イ 7:00　ウ 7:30

2 次の絵に合う英語になるように，□の語を1つずつ使って書きましょう。

何時にねますか。
9時30分にねます。

＿＿＿＿ ＿＿＿＿ do you go to bed?

— I go to bed ＿＿＿＿ 9:30.

time　at　What

英語

□月□日

5 What is your treasure?
あなたの宝物は何ですか。

答え 別冊6ページ

英語

Let's try!

1 次の英語に合う絵を選んで線で結びましょう。

① My treasure is this cap. ●　　　　●

② My treasure is this violin. ●　　　　●

③ My treasure is this watch. ●　　　　●

2 次の絵に合う英語になるように，□の語を1つずつ使って書きましょう。

______ ______ your treasure?

— My treasure is this ______ .

is	What	bag

月　日

6 Where do you want to go?

あなたはどこに行きたいですか。

答え 別冊6ページ

Let's try!

1 次の絵と英語の内容が合っていれば○を，合っていなければ×を，(　　)に書きましょう。

① I want to go to Russia.

(　　　　)

② I want to go to Egypt.

(　　　　)

③ I want to go to Mongolia.

(　　　　)

2 次の絵に合う英語になるように，□の語を1つずつ使って書きましょう。

どこに行きたいですか。

アメリカに行きたいです。

＿＿＿＿ ＿＿＿＿ you want to go?

— I want to go to ＿＿＿＿＿＿ .

Where	America	do

英語

月　日

7 Germany is a nice country.

ドイツはすてきな国です。

答え 別冊6～7ページ

Let's try!

1 次の英語に合う絵を**ア**～**ウ**から選んで（　　）に記号を書きましょう。

Germany is a nice country.

① You can see a castle.　（　　　）

ア 　イ　ウ 

② You can eat sausages.　（　　　）

ア 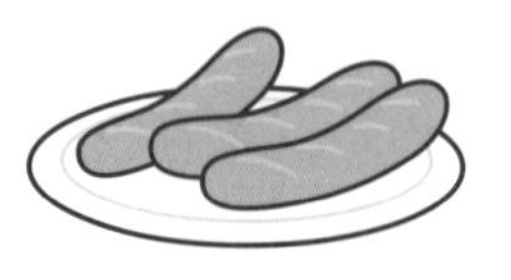　イ 　ウ 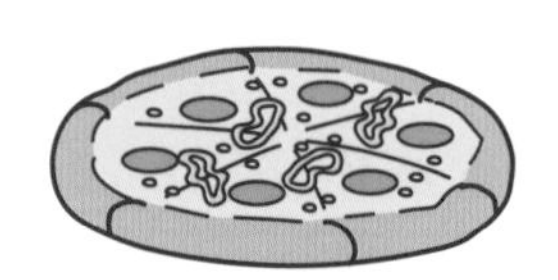

③ You can visit a long river.　（　　　）

ア 　イ　ウ 

月　日

8 You can eat spaghetti.
スパゲッティを食べることができます。

答え 別冊7ページ

英語

Let's try!

1 次の絵に合う文を**ア**〜**ウ**から選んで（　　）に記号を書きましょう。

①

（　　　　）

②

（　　　　）

③

（　　　　）

ア It's cute.　**イ** It's old.　**ウ** It's exciting.

2 次の絵に合う英語になるように，□の語を１つずつ使って書きましょう。

スパゲッティを食べることができます。とてもおいしいです。

________ ________ eat spaghetti.

________ delicious.

can　It's　You

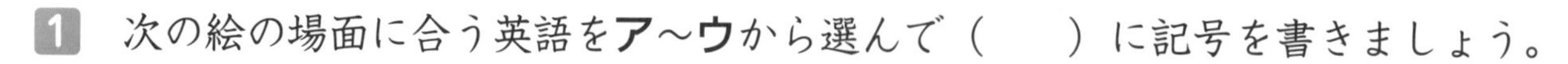

月　日

9 まとめ問題①

1日目～3日目のまとめ

点

答え 別冊7ページ

1 次の絵の場面に合う英語をア～ウから選んで（　　）に記号を書きましょう。

1つ15点（30点）

①

（　　　　）

②

（　　　　）

ア　Do you like birds? — No, I don't.

イ　When is your birthday? — My birthday is June 22nd.

ウ　What do you usually do on Sundays?
— I usually play tennis on Sundays.

2 カードを見て，□の語を1つずつ使って自己しょうかいの英語を書きましょう。

1つ10点（70点）

①

★名前：ボブ
★出身地：アメリカ
★日曜日にすること：イヌの散歩

I'm Bob.
I'm ________ ________.
I usually ________ my dog on Sundays.

walk	America	from

②

★名前：ジュディ
★出身地：カナダ
★好きな動物：カメ

I'm Judy.
I'm ________ ________.
I ________ ________.

from	turtles	Canada	like

英語

月　日

10 まとめ問題②

4日目～6日目のまとめ

点

答え 別冊7～8ページ

1 次の質問に正しく答えているものを**ア**～**エ**から選んで（　　）に記号を書きましょう。

1つ10点（30点）

① What is your treasure?（　　　　）

ア I play the violin.　　イ I practice soccer.

ウ My birthday is December 31st.　　エ My treasure is this piano.

② Where do you want to go?（　　　　）

ア I'm from Australia.　　イ I like Japan.

ウ I want to go to China.　　エ I go to school at 7:40.

③ What time do you usually go home?（　　　　）

ア I go home at 4:30.　　イ My birthday is January 16th.

ウ I want to go to Norway.　　エ I go to bed at 10:00.

2 次の絵に合う英語になるように，□の語を1つずつ使って書きましょう。

1つ10点（70点）

① あなたはどこに行きたいですか。

______ do you ______

to ______ ?

② あなたは何時に夕食を食べますか。

______ ______ do you eat dinner?

③ あなたの宝物（たから）は何ですか。

______ ______ your treasure?

is	Where	What	What	time	want	go

英語

月　日

11 まとめ問題③

7日目～8日目のまとめ

点

答え 別冊 8 ページ

1 次の英語に合う絵を**ア**～**ウ**から選んで（　　）に記号を書きましょう。

1つ15点（30点）

① Brazil is a great country. You can see the carnival.（　　　　）

ア

イ

ウ

② You can eat curry and rice. It's spicy.（　　　　）

ア

イ

ウ

2 メモを見て，□の語を１つずつ使って中国をしょうかいする英語を書きましょう。

1つ14点（70点）

★メモ★
◆中国のしょうかい◆
・パンダを見ることができる
・ぎょうざを食べることができる
・それはとてもおいしい

China is a nice country.

You ＿＿＿＿ ＿＿＿＿ pandas.

You ＿＿＿＿ ＿＿＿＿ *gyoza*.

＿＿＿＿ delicious.

see	It's	can	can	eat

英語

17 説明文を読む④

国語

月　日　点

答え 別冊8ページ

●次の文章を読んで、あとの問いに答えましょう。

人間は、これだけ高度に文明化された社会で、①ものすごい環境破壊をしてしまった。ちょっと都会に住んでいる人ならば、ぱっと自宅から外を見回しても、周りは人工物ばかりのはずだ。

つまり、環境は、完全に人間が変えてしまったのだ。でも、それが現在の環境なのだ。だからまずわれわれが確認しないといけないのは、「環境イコール無垢*の自然ではない」ということ。これは、本当に重要な点だ。

とはいえ、それなら公害でも何でも垂れ流して、自然を破壊して人工物をつくっていってよいのかというと、②そうではない。そういうことを続けていると、大勢の人が病気になったりするわけで、それは、もはや人間が暮らせる環境ではなくなる。

環境が人類を絶滅に追い込む前に、対策を講ずる必要がある。どうしていま地球温暖化が問題になっているかというと、そのせいで地球が「人間の住めない環境」になる可能性があるからなのだ。

——環境・エネルギー問題からDNA鑑定まで——）
（竹内 薫「なぜ『科学』はウソをつくのか

＊無垢…けがれがないこと。まじりけのないこと。

(1) ——線①「ものすごい環境破壊をしてしまった」とありますが、どんなことからわかりますか。それを説明した次の文の□にあてはまる言葉を、文章中から三字でぬき出しましょう。(30点)

・都会での自宅の外の風景が、□ばかりになってしまったこと。

(2) ——線②「そうではない」とありますが、自然破壊をすることを筆者が否定するのはなぜですか。その理由を説明した次の文の□にあてはまる言葉を、文章中から二字でぬき出しましょう。(30点)

・自然が破壊された環境では□が暮らせなくなるから。

(3) この文章の要旨を次から一つ選び、記号で答えましょう。(40点)

ア　地球を人間の住めない環境にしてはならない。
イ　人間の暮らしと地球温暖化は直接の関係はない。
ウ　都会の存在によって地球温暖化が進行している。
エ　人間の社会は高度に文明化している。　（　　）

16 詩を読む②

月　日　点

答え 別冊9ページ

●次の詩を読んで、あとの問いに答えましょう。

「まっすぐに」　すぎもと　れいこ

①杉(すぎ)の木が立っている
　まっすぐに
竹がのびていく
　まっすぐに
飛行機が飛び立つ
　まっすぐに
鳥が急降下(きゅうこうか)する
　まっすぐに
射手(しゃしゅ)が弓を引く
　まっすぐに
走者がゴールに走りこむ
　まっすぐに
ロケットが打ち上がる
　まっすぐに
光が差し込(こ)む
　まっすぐに

これまでずっと
大切にしてきた
「まっすぐに」
②これからも

(1) ——線①「杉(すぎ)の木が立っている／まっすぐに」とありますが、この表現の説明を次から一つ選び、記号で答えましょう。(40点)

ア 終わりの言葉をものの名前で止めて意味を強めている。
イ ふつうの語順を入れかえて、意味を強めている。
ウ 同じような意味の言葉をならべて変化をつけている。
エ 読者によびかけることで親しみやすくしている。

（　　）

(2) ——線②「これからも」とありますが、作者はこれからも「何」を「どう」したいと思っていますか。次の文の□にあてはまる言葉を、詩の中から①は五字、②は二字でぬき出しましょう。1つ30点（60点）

・「①」を②にしたい。

①

②

15 物語文を読む④

国語

点

月　日

答え　別冊9ページ

●次の文章を読んで、あとの問いに答えましょう。

〔小学六年生の陽菜は、クラスメイトから映画にさそわれた。〕

「なんか、映画が楽しみっていうより、自分たちだけで行くってのが、一番わくわくするよねー」

陽菜はそんなふたりの会話に、うんうんと①大きくうなずいた。

相変わらず、②胸がいっぱいで言葉は出てこなかったけれど、本当は嬉しさのあまり大声で叫びたい気分だった。

やっと、私もこのふたりに友達のひとりとして認めてもらえたんだ。

本当はずっと、そんな関係になりたかった。

ピアノが上手に弾けるからとか関係なく、いっしょにいたいと思ってもらえる友達になりたかった。

三人で映画に行ったら、そのあとどんな風に、なるのだろう。

もっと友達らしくなれるかもしれない。

本物の三人組になれるかもしれない。

お互いの家に遊びに行ったり、お泊り会をしたり、もっと遠くに出かけたりもするようになって……。

陽菜は、③そんな未来を想像して、ドキドキした。

（草野たき「またね、かならず」）

---

(1) ——線①「大きくうなずいた」とありますが、このときの陽菜の様子を表した言葉を次から一つ選び、記号で答えましょう。（30点）

ア　同感　　イ　意外
ウ　反発　　エ　後悔

〔　　〕

(2) ——線②「胸がいっぱい」とありますが、このときの陽菜の気持ちを説明した次の文の□にあてはまる言葉を、文章中から七字でさがし、はじめの三字をぬき出しましょう。（30点）

・自分がふたりに友達のひとりとして認められたことの喜びから□気持ち。

□□□

(3) ——線③「そんな未来を想像して」とありますが、陽菜はどんな未来を想像したのですか。次から一つ選び、記号で答えましょう。（40点）

ア　三人で映画に行くのを楽しみにしている未来。
イ　三人がとても親しくなっている未来。
ウ　二人のたくさんいる友達のうちの一人になる未来。

〔　　〕

14 説明文を読む③

点

月　日

答え 別冊9ページ

●次の文章を読んで、あとの問いに答えましょう。

どんな人も母親の胎内から生まれますよね。おなかの中にいて、順調に成長しているときって、丸ごと大きなものに心身ともに守られている。おなかすいたも寒いもさみしいも知らない。この①最高に楽でハッピーなところから人生スタートっていうのが、「謎のさみしさ」の原因じゃないかなと思うのです。

どんなによいパートナーにめぐまれても、たくさん仲間がいても、このときの多幸感に比べたら「②なんか足りない」と感じてしまう。ましてや、いやなことが続いて起きたら、さみしさや不安感は、どんどん増します。

この「なんか足りない」さみしさが、人をいろんな方向に駆り立てているのではないかと思います。このさみしさがなかったら、だれも人とつながろう、人と何かをしよう、そして人のために何かをしようと思わなかったかもしれないし、□人類は滅びていたかもしれません。

あなたがそのさみしさに気がつき、それについて考えるのはとても大事なことです。キツイことも多々ありますが、人生を豊かにしてくれます。ぜひ自分なりのさみしさとの付き合い方をいろいろ工夫してみてください。

（令丈ヒロ子　題名不明「泣いたあとは、新しい靴をはこう。　10代のどうでもよくない悩みに作家が言葉で向き合ってみた」所収）

---

(1) ——線①「最高に楽でハッピー」とありますが、このことを別の言葉でどう表していますか。文章中から三字でぬき出しましょう。（25点）

(2) ——線②「なんか足りない」とありますが、どんな状態ですか。次から一つ選び、記号で答えましょう。（25点）

ア 自分が何をすればよいのかわからない状態。
イ 何をしても満足できない状態。
ウ 心身ともに守られている状態。
（　　）

(3) □にあてはまる言葉を次から一つ選び、記号で答えましょう。（25点）

ア やがて　**イ** とっくに
ウ いずれ　**エ** とっさに
（　　）

(4) この文章の要旨を次から一つ選び、記号で答えましょう。（25点）

ア 自分なりにさみしさと付き合ってほしい。
イ さみしさを感じないで生きていってほしい。
ウ たくさんの人と知り合ってほしい。
エ よいパートナーにめぐまれてほしい。
（　　）

13 物語文を読む③

国語

月　日

点

答え　別冊9ページ

●次の文章を読んで、あとの問いに答えましょう。

日和は、クリスマスイブが誕生日の母へのプレゼントを、年の離れた妹の紅子に台無しにされ、紅子にきつくあたってしまった。そのことを母から責められた日和は家を飛び出したのだった。

左手にずっとつづく団地のいくつかの窓で、①小さい電球が点滅している。

今日はクリスマスイブだった、と思いだした。制服のまま、コートも着ず、お金もなにももたず、行くあてもなく歩いているいまの自分が、なおのこと□思える。

それならもどる？

いまなら、いま帰れば、母はなにもいわないはずだ。だけど、家にもどって、あたしは紅子にごめんなさいといえる？　なにもなかったようにクリスマスのごちそうを食べることができる？　笑っていられる？　お誕生日おめでとうっていえる？

きゅっとくちびるをかんだ。

そんなこと、できない。したくない。

ケーキをもったおじさんが角を曲がったのを見て、②日和は前を向いた。そのとき、キーッとブレーキ音を立てて、目の前で自転車がとまった。

（いとうみく「カーネーション」）

(1) ——線①「小さい電球が点滅している」とありますが、どんな様子がわかりますか。それを説明した次の文の□にあてはまる言葉を文章中から七字でぬき出しましょう。(30点)

・□のために、団地の人々がかざり付けをした様子。

(2) □にあてはまる言葉を次から一つ選び、記号で答えましょう。(30点)

ア　みじめに　　イ　みごとに
ウ　りっぱに　　エ　たのもしく

（　　）

(3) ——線②「日和は前を向いた」から読み取れる日和の気持ちとしてふさわしいものを次から一つ選び、記号で答えましょう。(40点)

ア　クリスマスが楽しめそうだと期待している。
イ　家にもどらないことを決心している。
ウ　早く家にもどりたいとあせっている。
エ　妹に悪いことをしたと後かいしている。

（　　）

12 同じ部首と読みをもつ漢字

月　日

点

答え 別冊10ページ

1 次の□に、上の部首をもつ漢字をそれぞれ書きましょう。 一つ10点（60点）

① てへん
- 道を右□する。
- 静かに□業を受ける。
- 宿題を先生に□出する。

② りっとう
- 学校の校□を守る。
- 学級新聞を印□する。
- 正しい□断を下す。

2 次の□に上の読み方であてはまる漢字をあとから選び、それぞれ記号で答えましょう。 一つ4点（12点）

か
- こうではないかと□定する。（　）
- テストの結□がよかった。（　）
- 定□で商品を買う。（　）

（**ア** 価　**イ** 過　**ウ** 仮　**エ** 果）

3 次の――線の漢字の部首に関係のある意味をあとから選び、それぞれ記号で答えましょう。 一つ7点（28点）

① ノートに記録する。（　）
② 新しい芽が土から顔を出す。（　）
③ 胸がどきどきする。（　）
④ 遠くに海が見える。（　）

ア 体に関係がある。　**イ** 植物に関係がある。
ウ 言葉に関係がある。　**エ** 水に関係がある。

11 六年生の漢字③

国語

点

月　日

答え 別冊10ページ

1 次の――線の漢字の読みを（　）に書きましょう。 一つ5点（50点）

① なりゆきを注視（　）する。

② 学習発表会で絵を展示（　）する。

③ 宇宙（　）に利用可能な資源（　）を発見する。

④ もぐらがいそうな穴（　）を見つけた。

⑤ 手に砂（　）がついたので除去（　）する。

⑥ 厳重（　）に戸じまりをする。

⑦ 公園に大きな樹木（　）がある。

⑧ 食べすぎて腹（　）がいたい。

2 次の□に漢字を書きましょう。 一つ5点（25点）

① あの［こども］は、［どきょう］がある。

② ［おんし］に［けいい］を表す。

③ 静かに［こきゅう］する。

3 次の――線の言葉を、漢字と送りがなで書きましょう。 一つ5点（25点）

① 白い布をほす。（　）

② 並(なら)んでいた列がみだれる。（　）

③ この問題はとてもむずかしい。（　）

④ 遊んでいたら日がくれた。（　）

⑤ 漢字の筆順をあやまる。（　）

10 短歌を読む

点

月　日

答え 別冊10ページ

●次の短歌を読んで、あとの問いに答えましょう。

A　金色の小さき鳥のかたちして銀杏散るなり夕日の丘に　与謝野晶子

B　たらちねの母がつりたる青蚊帳をすがしと寝ねつたるみたれども　長塚節

C　子供らは列をはみ出しわき見をしさざめきやめずひきゐられゆく　木下利玄

＊青蚊帳…昔、夏にかにさされないように、ねどこにつるしたもの。

(1)　――線「銀杏」とありますが、銀杏を別のものにたとえた言葉を、Aの短歌の中から七字でぬき出しましょう。(30点)

(2)　Bの短歌の中から枕詞を五字でぬき出しましょう。(30点)

枕詞とは、短歌で特定の言葉の前に用いる言葉だぞ。

(3)　Cの短歌での子供らの様子に合うものを次から一つ選び、記号で答えましょう。(40点)

ア　腹を立てている。
イ　悲しんでいる。
ウ　おびえている。
エ　わくわくしている。

〔　　〕

9 説明文を読む②

月　日

答え 別冊10ページ

点

国語

●次の文章を読んで、あとの問いに答えましょう。

人間を含むあらゆる生物は細胞で出来ている。その細胞の一個一個に核*がある。そのまた核の中には①染色体が入っている。染色体は23種類で1セット、それが一つの細胞の中に2セットずつ含まれている（父親と母親から1セットずつ受け継ぐため）。更に染色体の中に、DNA（デオキシリボ核酸）が二重らせん状に折りたたまれて収まっている。DNAは糖、リン酸、②塩基と呼ばれる化学物質から出来ていて、糖とリン酸がねじれたハシゴのような構造を成し、塩基がハシゴの足を掛ける部分を形作っている。塩基はA（アデニン）、T（チミン）、C（シトシン）、G（グアニン）の4種類しかない。二重らせん状のハシゴを、チャックを開けるように引き離してみると、片方のハシゴに並ぶ塩基と、もう片方の塩基は、それぞれ結合できる相手が決まっていることが分かる。□Aには T、CにはGしか結合できない。いずれにしてもたった4種類の組み合わせによって、生物の設計図を作り上げている。

そのDNAに書かれた設計図（塩基の配列）のうち、タンパク質を作る指令を出している部分を、遺伝子と呼ぶ。

（小川洋子「科学の扉をノックする」）

*核…細胞の中にあり、細胞のはたらきのもとになるもの。

---

(1) ――線①「染色体」とありますが、染色体の中に二重らせん状に折りたたまれているものは何ですか。文章中から三字でぬき出しましょう。(25点)

(2) ――線②「塩基」とありますが、塩基の説明に合うものを次から一つ選び、記号で答えましょう。(25点)

ア 23種類あり、父親と母親から受け継いでいる。
イ DNAの中にあり、糖とリン酸でできている。
ウ 4種類あり、DNAのハシゴの足を掛ける部分にある。
エ 切りはなせるチャックがついている。

（　　）

(3) □にあてはまる言葉を次から一つ選び、記号で答えましょう。(25点)

ア しかし　イ ところで　ウ つまり　エ なぜなら

（　　）

(4) 遺伝子について説明した次の文の□にあてはまる言葉を文章中から五字でぬき出しましょう。(25点)

・DNAに書かれた設計図の中で、□を作る指令を出している部分である。

8 物語文を読む②

点

月　日

答え 別冊11ページ

●次の文章を読んで、あとの問いに答えましょう。

〔弦がおじさんに連れられて乗馬に行くことを知った弦の友だちのミトオは、自分も連れて行ってもらおうとしている。〕

声が耳に飛びこんできたとたん、肩の力がぬける。ミトオだった。

「なんだよ」

「なんだよ、は、ないっしょ。まず、ごあいさつ。そして、このあいだの西瓜ありがとうございました、っしょ?」

弦のしつけ係でもやっているつもりか。

「あ、ああ。①うまかった……」

「……で、なに?」

②弦は髪をかきむしりながら、返事をした。

「あのね、ふふ。きょうね、行ってもいい?」

「え?」

「知っているんだよう。ゲンくんが、最近、週末どこに行ってるか」

「くるな!」

「というわけで。ほんじゃ、あとでねえ。あ、そうだ。また馬グッズひとつ買ったから、それも見せてあげるね」

そこで電話が切れた。

「ちょっとまてよ、おい。くるな! っていったぞ」

(大塚菜生「弓を引く少年」)

(1) ──線①「うまかった……」とありますが、何がうまかったのですか。それを説明した次の文の□にあてはまる言葉を文章中から二字でぬき出しましょう。(30点)

・このあいだ、ミトオからもらった□。

(2) ──線②「弦は髪をかきむしりながら、返事をした」とありますが、このときの弦の様子を説明した次の文の□にあてはまる言葉を文章中から四字でぬき出しましょう。(30点)

・自分の□でもやっているかのようなミトオの態度にいらいらしている。

(3) この文章から読み取れることを次から一つ選び、記号で答えましょう。(40点)

ア　ミトオはわざと弦をいらだたせようとしている。

イ　強引なところのあるミトオに、弦がふり回されている。

ウ　弦は、ミトオを大切な友だちだと思っている。

エ　ミトオは、弦のきげんが悪くなることをおそれている。

〔　　〕

7 言葉・文法

国語

点

月　日

答え 別冊11ページ

1 次の①・②の文には、二つの主語と述語の関係があります。その主語と述語をそれぞれぬき出しましょう。 完答・順不同で一つ20点（40点）

① 私(わたし)が食べたケーキはおいしかった。

・主語（　　　）　述語（　　　）
・主語（　　　）　述語（　　　）

② 朝から大雪が降(ふ)って電車がおくれた。

・主語（　　　）　述語（　　　）
・主語（　　　）　述語（　　　）

2 次の①・②の文の――線の部分を修飾(しゅうしょく)している、主語と述語をそれぞれぬき出しましょう。 完答で一つ10点（20点）

① ぼくが見た映画(えいが)が賞を取った。

主語（　　　）　述語（　　　）

② 私(わたし)が買ったおにぎりはとてもおいしい。

主語（　　　）　述語（　　　）

3 次の①・②の文を修飾(しゅうしょく)の関係をわかりやすくするために、二つの文に書き直します。正しいものを一つ選び、記号で答えましょう。 一つ10点（20点）

① ぼくがかいた絵がかざられた。

ア ぼくは絵を見た。それにはぼくがかかれていた。
イ ぼくは絵にかかれた。その絵がかざられた。
ウ ぼくがかざった。その絵はぼくがかいた。
エ ぼくは絵をかいた。その絵がかざられた。

（　　　）

② 子どもが作ったパンを大きなねこが食べた。

ア 子どもがパンを作った。それを大きなねこが食べた。
イ 子どもが大きなパンを作った。それをねこが食べた。
ウ 子どもとねこが食べた。それはパンだった。
エ 子どもがパンで大きなねこを作った。それを子どもが食べた。

（　　　）

4 次の文を、意味を変えないで、二つの文に書き直しましょう。（20点）

ぼくは満点をとりたかったので、がんばって勉強した。

〔　　　　　　　　〕

6 六年生の漢字②

点

月　日

答え 別冊11ページ

1 次の——線の漢字の読みを（　）に書きましょう。　一つ5点（50点）

① ロケットが発射された。（　）

② プールで背泳ぎの練習をした。（　）

③ 入場券をなくしたことを認める。（　）（　）

④ 単純な仕組みの機械を動かす。（　）

⑤ 罪は法律できちんと裁かれる。（　）（　）

⑥ 駅の階段を急いで上がる。（　）

⑦ 今月は雨がたくさん降った。（　）

⑧ 防具を装着する。（　）

「単純」の反対の意味の熟語(じゅくご)は「複雑」じゃぞ。

2 次の□に漢字を書きましょう。　一つ5点（25点）

① □□(ちいき)の図書館の□□(ぞうしょ)を増やす。

② □□(じょうき)による□□(すいしん)力を利用する。

③ オリンピックが□□(かいまく)する。

3 次の——線の言葉を、漢字と送りがなで書きましょう。　一つ5点（25点）

① 水道から水がたれる。（　）

② 前から順にならぶ。（　）

③ 外出先で手帳をわすれる。（　）

④ 実力不足を練習でおぎなう。（　）

⑤ 休日に親友の家をたずねる。（　）

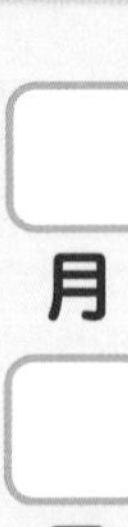

5 詩を読む①

国語

点　月　日

答え 別冊11ページ

●次の詩を読んで、あとの問いに答えましょう。

おはじき　馬場与志子

雲のしずくの①白い玉
海のしずくの②青い玉
瑠璃＊　細螺＊　玻璃＊　ビードロ　ガラス玉
むかしは細螺の貝殻で
遊んだ女もありました
③十年　百年　千年と
遊びは少女に受け継がれ
少女の小指の指先で
玉の間にすじ引かれ
はじき出されて拾われて
母が作ったエプロンの
ポッケの底に沈みます

＊瑠璃・玻璃…ガラスの古い言い方。
＊細螺…ニシキウスガイ科の巻貝。

(1) ――線①「白い玉」、――線②「青い玉」とありますが、それぞれの色のおはじきの玉を何にたとえていますか。詩の中からそれぞれ五字でぬき出しましょう。一つ25点(50点)

① □□□□□
② □□□□□

(2) ――線③「十年　百年　千年と／遊びは少女に受け継がれ」とありますが、どんなことがわかりますか。それを説明した次の文の□にあてはまる言葉を詩の中から三字でぬき出しましょう。(25点)

・おはじきの遊びが□から行われていたこと。

□□□

(3) この詩の表現の工夫としてふさわしいものを次から一つ選び、記号で答えましょう。(25点)

ア 複数の行に同じ構成で言葉を並べて調子を整えている。
イ 言葉の順を入れかえることでその部分を強調している。
ウ よびかけることで大切なことを強く印象づけている。

（　　）

4 説明文を読む①

月　日

点

答え 別冊12ページ

●次の文章を読んで、あとの問いに答えましょう。

クモとのコミュニケーションなど、ほとんどの人は疑ってかかるだろう。しかし、クモは糸をとり出す人の精神状態や動作に敏感に反応しているのだ。

たとえば、荒々しい性格の人なら、その動作、つまり糸をとり出す作業も荒々しいだろう。クモの重さは人間の10万分の1程度しかないので、ヒトにとっては少しの外力でも、クモは大きな衝撃と感じ、その結果、クモは牽引糸ではなく、自己防衛のための捕獲帯のようなものを出すのである。また、人間が大声を上げているときも、クモはびっくりして牽引糸を出したがらない。人間の大声による空気振動も、クモにとっては十分に大きな振動なのだ。

一方、クモの目線で優しく接すれば、クモはヒトを外敵と思わず、安心して糸を出してくれる。ところが、あまりにも優しく接しすぎると、クモは自由に糸を出して逃げてしまう。長年の経験から、クモは「優しすぎれば舐められる、厳しすぎればへそ曲げる」のだということが、わかってきたのである。

（大崎茂芳「クモの糸でバイオリン」）

＊牽引糸…クモの糸の中で最もじょうぶな糸。

(1) ――線「クモは糸をとり出す人の精神状態や動作に敏感に反応している」とありますが、人間が大声を出したときのクモの反応について説明した次の文の□にあてはまる言葉を、文章中から①は八字、②は四字でぬき出しましょう。一つ30点（60点）

・大声はクモからすると［①］なので、［②］して牽引糸を出さなくなる。

①［　　　　　　　　］
②［　　　　］

(2) クモに糸を出させるには、どのように接するのがよいのですか。次から一つ選び、記号で答えましょう。（40点）

ア　クモが自己防衛できるようにくふうして接する。
イ　クモがおどろかないようにできるだけ優しく接する。
ウ　クモになめられないように、できるだけ厳しく接する。
エ　優しすぎず、厳しすぎず、ほどほどに接する。

（　　　）

3 物語文を読む①

点

月　日

答え 別冊12ページ

国語

●次の文章を読んで、あとの問いに答えましょう。

見せないといわれれば、見たくなるのが人情というものだ。

「わかったよ。とにかく①見せろよ。」

小学校の門を出てまっすぐ行くと、左手にこんもりしげった一条(いちじょう)神社の森が見えてくる。この鳥居の前が、アーケードつきの商店街である。町でいちばんにぎやかな通りであった。

淳(じゅん)の家は、この商店街で喫茶店(きっさてん)をやっていた。

喫茶店の横にドアがあり、そのまま二階に上がれるようになっている。二階が家族の住居になっているのだ。淳は首からさげた鍵(かぎ)でドアを開け、音をたてないように上がっていく。まるでこそどろみたいだ。仕方がないので、幸太(こうた)も静かに上がっていった。

淳の部屋は、アーケード街に面した部屋で、中学生の兄と机(つくえ)をならべている。

「ちょっと、待ってて。」

②ひそひそ声でそう言うと、淳はカバンを机において、となりの部屋に行った。となりは両親の部屋である。営業時間中は、たいていふたりとも店に出ていた。

しばらくすると、淳が白い布につつまれたものを持ってきた。それを畳(たたみ)の上に、そっとおいた。

「これだよ。」

（横山充男(よこやまみつお)「星空へようこそ」）

---

(1) ——線①「見せろよ」とありますが、淳(じゅん)が「見せろよ」といわれたものを持ってきたときに、それは何につつまれていましたか。文章中から三字でぬき出しましょう。(30点)

□□□

(2) ——線②「ひそひそ声で」とありますが、このときの淳(じゅん)の様子を説明した次の文の□にあてはまる言葉を、文章中から五字でぬき出しましょう。(30点)

・となりにある□に入ることがばれないように気をつけている。

□□□□□

(3) 淳(じゅん)の両親がやっている喫茶店(きっさてん)の説明に合うものを次から一つ選び、記号で答えましょう。(40点)

ア 一条(いちじょう)神社の鳥居の前にある、町でいちばんにぎやかなアーケードつきの商店街にある。

イ 一条(いちじょう)神社の鳥居の前の商店街にあり、町でいちばんにぎやかな通りのとなりの通りにある。

ウ 一条(いちじょう)神社の森の中にあり、町でいちばんにぎやかな通りのまんなかにある。

エ 一条(いちじょう)神社の森が見える、町でいちばんにぎやかなアーケードつきの商店街の入り口にある。

（　　　）

2 話し言葉と書き言葉

月　日　点

答え 別冊12ページ

1 次の言葉を何といいますか。あとからそれぞれ選び、記号で答えましょう。一つ10点（20点）

① 文字で表す言葉。（　）
② 音声で表す言葉。（　）

ア 共通語
イ 方言
ウ 話し言葉
エ 書き言葉

「文字」と「音声」をヒントにしようね。

2 話し言葉の利点はどんなことが挙げられますか。次から二つ選び、記号で答えましょう。一つ10点（20点）

ア 昔の人の考えもさかのぼって知ることができる。
イ 相手の反応に合わせてわかりやすい言葉を選べる。
ウ 自分の言いまちがいをすぐに直すことができる。
エ じっくり考えて正しい言葉を選べる。
オ 自分の好きなときに必要な情報を得ることができる。

（　）（　）

3 書き言葉の利点はどんなことが挙げられますか。次から一つ選び、記号で答えましょう。（10点）

ア 読む相手が明らかなこと。
イ いったん書いたら消せないこと。
ウ すぐに消えてしまうこと。
エ 書いた文字は残ること。

（　）

4 書き言葉について説明した次の文の□にあてはまる言葉をあとから一つずつ選び、記号で答えましょう。一つ10点（30点）

だれが読んでもわかるように①で書き、②や構成を整えるのがふつうである。③されないように内容を整理して書き、見直してから人に伝えるとよい。

ア 方言　**イ** 古語　**ウ** 語順　**エ** 共通語
オ 誤解（ごかい）

①（　）②（　）③（　）

5 次の文は、**ア** 話し言葉、**イ** 書き言葉のどちらになりますか。記号で答えましょう。一つ10点（20点）

① ええと、これから、行くんだよ、公園にさ。（　）
② これから、みんなで公園に行く。（　）

国語

1 六年生の漢字①

点

月　日

答え 別冊12ページ

1 次の——線の漢字の読みを（　）に書きましょう。　一つ5点（50点）

① おいしい料理に舌つづみを打つ。（　　）

② はっとして、我にかえる。（　　）

③ 警察署の前の川に沿って歩く。（　　）（　　）

④ ごみを処分する。（　　）

⑤ 討議を重ねて対策を考える。（　　）（　　）

⑥ 飛行機の模型をつくる。（　　）

⑦ 知らない場所を探検する。（　　）

⑧ おそくなった言い訳をする。（　　）

2 次の□に漢字を書きましょう。　一つ5点（25点）

① □（つくえ）の上に□□（さっし）を置く。

② きちんとした□（すがた）で□□（ざせき）につく。

③ □□（いちょう）をじょうぶにする。

3 次の——線の言葉を、漢字と送りがなで書きましょう。　一つ5点（25点）

① 大切な花びんがわれる。（　　）

② 答えの正しさをうたがう。（　　）

③ 鏡に顔をうつす。（　　）

④ 食事の前に手をあらう。（　　）

⑤ みそしるに入れるねぎをきざむ。（　　）

チャ太郎ドリル　夏休み編

小学6年生

初版
第１刷　2020年７月１日　発行

●編 者
数研出版編集部
●表紙デザイン
株式会社クラップス

発行者　星野 泰也
ISBN978-4-410-13757-0

チャ太郎ドリル 夏休み編 小学６年生

発行所　数研出版株式会社
〒101-0052 東京都千代田区神田小川町２丁目３番地３
〔振替〕00140-4-118431
〒604-0861 京都市中京区烏丸通竹屋町上る大倉町205番地
〔電話〕代表（075）231-0161
ホームページ　https://www.chart.co.jp
印刷　創栄図書印刷株式会社
乱丁本・落丁本はお取り替えいたします　200601

もくじ

チャ太郎ドリル　夏休み編　小学六年生
国語

1 線対称　2ページ

1 ① 線対称　② 対称の軸
③ F　④ BC
⑤ 3　⑥ 垂直

2
①　②

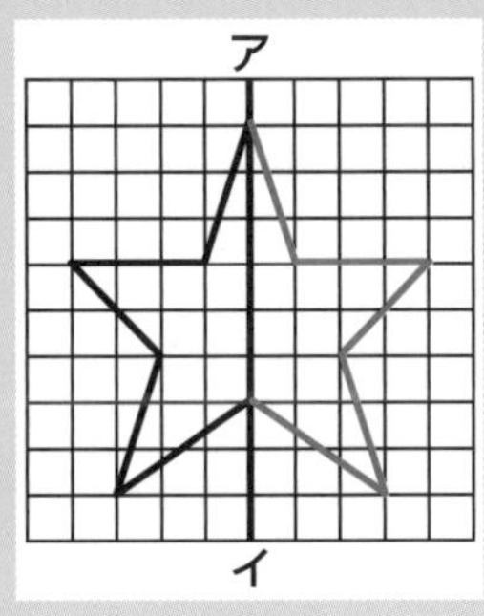

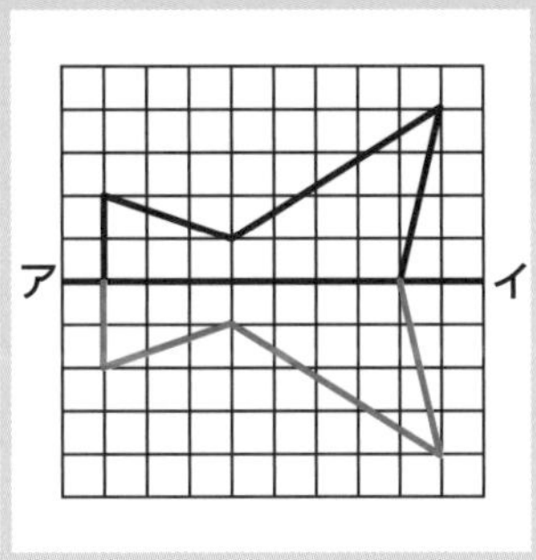

かんがえかた

1 線対称な図形では，対応する２つの点を結んだ直線と対称の軸は垂直に交わります。

2 対称の軸を折り目にして折ったとき，辺や角が重なるようにかきましょう。

2 点対称　3ページ

1 ① 点対称　② 対称の中心
③ D　④ FA
⑤ 2　⑥ 対称の中心（点O）

2
①　②

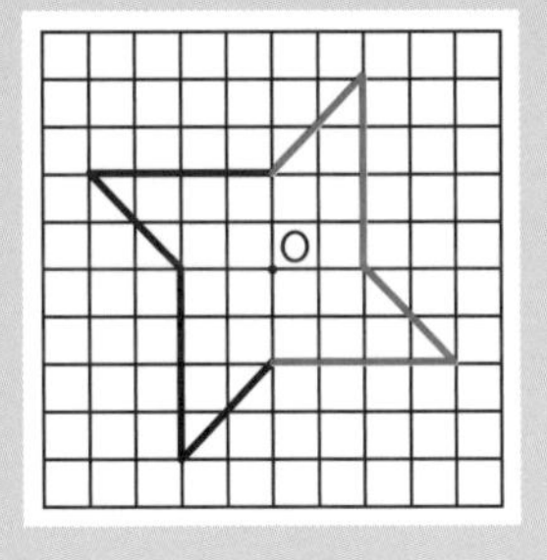

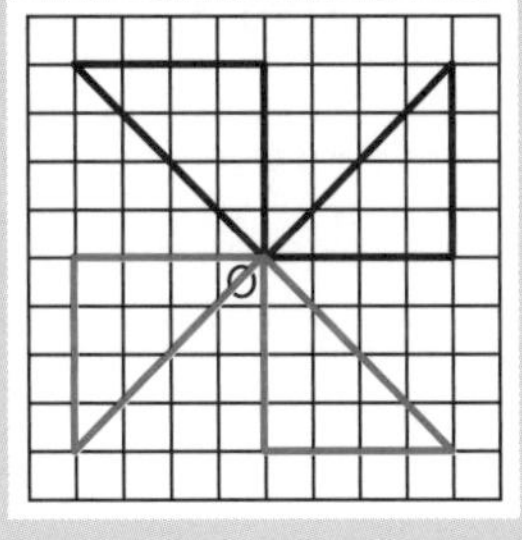

かんがえかた

1 点対称な図形では，対応する２つの点を結んだ直線は，対称の中心を通ります。

2 対称の中心のまわりに180°回転させたとき，辺や角が重なるようにかきましょう。

3 対称と多角形　4ページ

1
①

	線対称	対称の軸の数	点対称
平行四辺形	×	0	○
ひし形	○	2	○
長方形	○	2	○
正方形	○	4	○

②

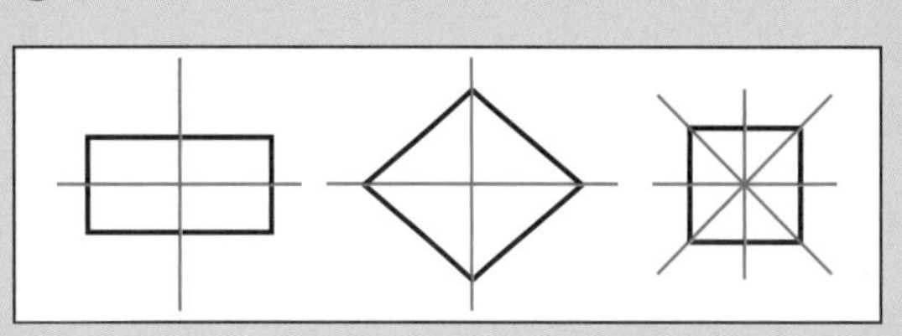

2
①

	線対称	対称の軸の数	点対称
正三角形	○	3	×
正方形	○	4	○
正五角形	○	5	×
正六角形	○	6	○
正七角形	○	7	×
正八角形	○	8	○

②

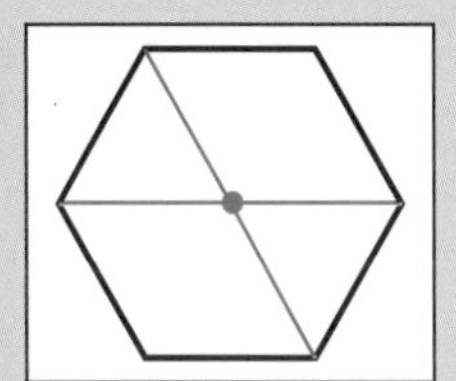

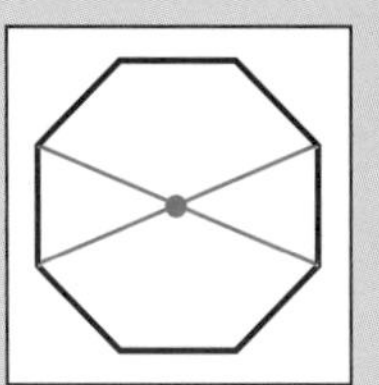

かんがえかた

2 正多角形はすべて線対称で，対称の軸の数は角の数と等しくなります。

4 文字と式① 5ページ

1 ① $120\times x+80$

② [式] $120\times3+80=440$

[答え] 440円

2 ① $25-x$　② $25-x\times3$

③ [式] $25-4\times3=13$

[答え] 13dL

3 ① $3\div x$

② [式] $3\div5=0.6$

[答え] 0.6m

かんがえかた

1 ①りんごの代金にかごの代金をたします。

②①の x の代わりに3を入れて計算します。

2 ②お茶全体の量から，3人で飲んだお茶の量をひきます。

3 ① x 人で等分するので，わり算です。

5 文字と式② 6ページ

1 ① $110\times x+140=y$

② [式] $110\times4+140=580$

[答え] 580円

2 ① $6\times x=y$

② [式] $6\times5=30$

[答え] $30cm^2$

3 ① イ　② エ

③ ア　④ ウ

かんがえかた

1 (パンの代金)＋(ジュースの代金)＝(代金の合計) です。

2 (縦(たて))×(横)＝(長方形の面積) です。

6 分数と整数のかけ算 7ページ

1 ① $\frac{8}{3}\left(2\frac{2}{3}\right)$　② $\frac{12}{5}\left(2\frac{2}{5}\right)$

③ $\frac{6}{7}$　④ $\frac{1}{2}$

⑤ $\frac{3}{2}\left(1\frac{1}{2}\right)$　⑥ $\frac{10}{3}\left(3\frac{1}{3}\right)$

⑦ $\frac{20}{3}\left(6\frac{2}{3}\right)$　⑧ $\frac{26}{5}\left(5\frac{1}{5}\right)$

⑨ $\frac{24}{7}\left(3\frac{3}{7}\right)$　⑩ $\frac{35}{6}\left(5\frac{5}{6}\right)$

⑪ $\frac{20}{3}\left(6\frac{2}{3}\right)$　⑫ 22

2 [式] $\frac{5}{4}\times6=\frac{15}{2}\left(7\frac{1}{2}\right)$

[答え] $\frac{15}{2}$L $\left(7\frac{1}{2}\text{L}\right)$

かんがえかた

1 かける場所，約分忘(わす)れなどに注意します。

⑦ $1\frac{2}{3}\times4=\frac{5}{3}\times4=\frac{5\times4}{3}=\frac{20}{3}\left(=6\frac{2}{3}\right)$

2 $\frac{5}{4}$L のジュースが入ったペットボトルが6本あるので，$\frac{5}{4}\times6$ を計算します。

7 分数と整数のわり算 8ページ

1 ① $\frac{2}{15}$　② $\frac{4}{25}$　③ $\frac{3}{40}$

④ $\frac{2}{9}$　⑤ $\frac{1}{16}$　⑥ $\frac{2}{7}$

⑦ $\frac{5}{18}$　⑧ $\frac{18}{35}$　⑨ $\frac{11}{72}$

⑩ $\frac{1}{10}$　⑪ $\frac{7}{16}$　⑫ $\frac{4}{21}$

2 [式] $3\frac{3}{11}\div6=\frac{6}{11}$

[答え] $\frac{6}{11}$kg

かんがえかた

1 ⑩ $1\frac{2}{5}\div14=\frac{7}{5}\div14=\frac{\overset{1}{\cancel{7}}}{5\times\underset{2}{\cancel{14}}}=\frac{1}{10}$

2 $3\frac{3}{11}$kg のすいかを6人で等分するので，$3\frac{3}{11}\div6$ を計算します。

8 分数のかけ算① 9ページ

1 ① $\frac{8}{21}$　② $\frac{3}{10}$　③ $\frac{8}{45}$
④ $\frac{3}{20}$　⑤ $\frac{2}{9}$　⑥ $\frac{9}{28}$
⑦ $\frac{16}{9}\left(1\frac{7}{9}\right)$　⑧ $\frac{9}{20}$
⑨ $\frac{21}{10}\left(2\frac{1}{10}\right)$　⑩ $\frac{33}{8}\left(4\frac{1}{8}\right)$
⑪ $\frac{66}{35}\left(1\frac{31}{35}\right)$
⑫ $\frac{115}{18}\left(6\frac{7}{18}\right)$

2 [式] $\frac{3}{4}\times2\frac{1}{2}=\frac{15}{8}\left(1\frac{7}{8}\right)$
[答え] $\frac{15}{8}$kg $\left(1\frac{7}{8}\text{kg}\right)$

かんがえかた

1 分母は分母, 分子は分子どうしをかけます。
① $\frac{4}{7}\times\frac{2}{3}=\frac{4\times2}{7\times3}=\frac{8}{21}$

9 分数のかけ算② 10ページ

1 ① $\frac{3}{10}$　② $\frac{4}{9}$　③ $\frac{8}{15}$
④ $\frac{1}{4}$　⑤ $\frac{1}{6}$　⑥ $\frac{2}{9}$
⑦ $\frac{12}{7}\left(1\frac{5}{7}\right)$　⑧ $\frac{39}{20}\left(1\frac{19}{20}\right)$
⑨ $\frac{4}{3}\left(1\frac{1}{3}\right)$　⑩ $\frac{6}{5}\left(1\frac{1}{5}\right)$
⑪ 5　⑫ 6

2 [式] $1\frac{1}{4}\times2\frac{2}{7}=\frac{20}{7}\left(2\frac{6}{7}\right)$
[答え] $\frac{20}{7}$m² $\left(2\frac{6}{7}\text{m}^2\right)$

かんがえかた

1 約分できるときは, 計算のとちゅうで約分すると簡単(かんたん)になります。
⑩ $1\frac{1}{6}\times1\frac{1}{35}=\frac{\cancel{7}^{1}}{\cancel{6}_{1}}\times\frac{\cancel{36}^{6}}{\cancel{35}_{5}}=\frac{6}{5}\left(=1\frac{1}{5}\right)$

10 分数のかけ算③ 11ページ

1 ① $\frac{3}{40}$　② $\frac{7}{4}\left(1\frac{3}{4}\right)$
③ $\frac{5}{2}\left(2\frac{1}{2}\right)$　④ $\frac{9}{28}$
⑤ $\frac{3}{8}$　⑥ 2
⑦ $\frac{56}{9}\left(6\frac{2}{9}\right)$　⑧ $\frac{3}{2}\left(1\frac{1}{2}\right)$
⑨ $\frac{15}{4}\left(3\frac{3}{4}\right)$

2 [式] $5\frac{1}{4}\times6\frac{6}{7}\times\frac{5}{8}=\frac{45}{2}\left(22\frac{1}{2}\right)$
[答え] $\frac{45}{2}$cm³ $\left(22\frac{1}{2}\text{cm}^3\right)$

かんがえかた

1 小数は分数に直してから計算します。
① $0.3\times\frac{1}{4}=\frac{3}{10}\times\frac{1}{4}=\frac{3\times1}{10\times4}=\frac{3}{40}$

11 分数のわり算① 12ページ

1 ① $\frac{7}{30}$　② $\frac{14}{9}\left(1\frac{5}{9}\right)$
③ $\frac{27}{56}$　④ $\frac{40}{27}\left(1\frac{13}{27}\right)$
⑤ $\frac{35}{12}\left(2\frac{11}{12}\right)$
⑥ $\frac{32}{15}\left(2\frac{2}{15}\right)$　⑦ $\frac{5}{28}$
⑧ $\frac{16}{33}$　⑨ $\frac{18}{65}$
⑩ $\frac{48}{49}$　⑪ $\frac{36}{35}\left(1\frac{1}{35}\right)$
⑫ $\frac{21}{40}$

2 [式] $4\frac{2}{3}\div1\frac{4}{5}=\frac{70}{27}\left(2\frac{16}{27}\right)$
[答え] $\frac{70}{27}$cm $\left(2\frac{16}{27}\text{cm}\right)$

かんがえかた

1 わり算はかけ算に直してから計算します。
⑩ $1\frac{1}{7}\div1\frac{1}{6}=\frac{8}{7}\div\frac{7}{6}=\frac{8}{7}\times\frac{6}{7}=\frac{48}{49}$

12 分数のわり算② 13ページ

1 ① $\frac{3}{2}\left(1\frac{1}{2}\right)$　② 6

③ $\frac{7}{12}$　④ $\frac{12}{7}\left(1\frac{5}{7}\right)$

⑤ $\frac{81}{10}\left(8\frac{1}{10}\right)$　⑥ $\frac{15}{2}\left(7\frac{1}{2}\right)$

⑦ $\frac{1}{4}$　⑧ $\frac{5}{26}$　⑨ $\frac{2}{15}$

⑩ $\frac{5}{8}$　⑪ $\frac{10}{27}$

⑫ $\frac{40}{21}\left(1\frac{19}{21}\right)$

2 [式] $1\frac{1}{2}\div3\frac{3}{4}=\frac{2}{5}$　[答え] $\frac{2}{5}$秒

かんがえかた

2 (時間)＝(道のり)÷(速さ)なので，
$1\frac{1}{2}\div3\frac{3}{4}$ を計算します。

13 分数のわり算③ 14ページ

1 ① $\frac{5}{6}$　② $\frac{21}{4}\left(5\frac{1}{4}\right)$

③ $\frac{4}{9}$　④ $\frac{75}{32}\left(2\frac{11}{32}\right)$

⑤ $\frac{5}{14}$　⑥ $\frac{1}{5}$

⑦ 1　⑧ $\frac{3}{4}$　⑨ $\frac{9}{8}\left(1\frac{1}{8}\right)$

2 [式] $0.8\div4\frac{4}{7}=\frac{7}{40}$

[答え] $\frac{7}{40}$kg

かんがえかた

1 3つの数をかけたりわったりするときも，すべてかけ算にしてから計算しましょう。

⑧ $2.7\div1\frac{3}{5}\times\frac{4}{9}=\frac{27}{10}\div\frac{8}{5}\times\frac{4}{9}$

$=\frac{\overset{3}{\cancel{27}}\times\overset{1}{\cancel{5}}\times\overset{1}{\cancel{4}}}{\underset{2}{\cancel{10}}\times\underset{2}{\cancel{8}}\times\underset{1}{\cancel{9}}}=\frac{3}{4}$

2 1mあたりの木材の重さを求めるので，0.8を $4\frac{4}{7}$ でわります。

14 分数の倍 15ページ

1 ① [式] $3\frac{3}{4}\div4\frac{1}{2}=\frac{5}{6}$

[答え] $\frac{5}{6}$倍

② [式] $4\frac{4}{5}\div4\frac{1}{2}=\frac{16}{15}$

[答え] $\frac{16}{15}$倍 $\left(1\frac{1}{15}\text{倍}\right)$

2 ① [式] $60\times\frac{3}{8}=\frac{45}{2}$

[答え] $\frac{45}{2}$cm $\left(22\frac{1}{2}\text{cm}\right)$

② [式] $60\times\frac{7}{12}=35$

[答え] 35cm

3 [式] $210\div\frac{7}{4}=120$

[答え] 120円

かんがえかた

3 のりの値段(ねだん)を x 円とすると，$x\times\frac{7}{4}=210$ なので，$x=210\div\frac{7}{4}$ で求めます。

15 まとめ問題① 16ページ

1

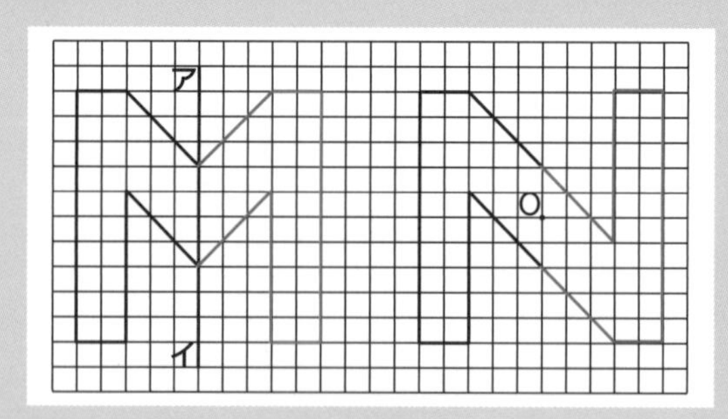

2 ① 右図
② 2cm
③ 70°
④ 右図

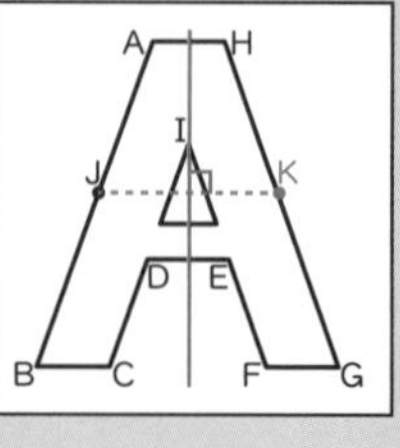

3 ① 右図
② 3cm
③ 125°
④ 右図

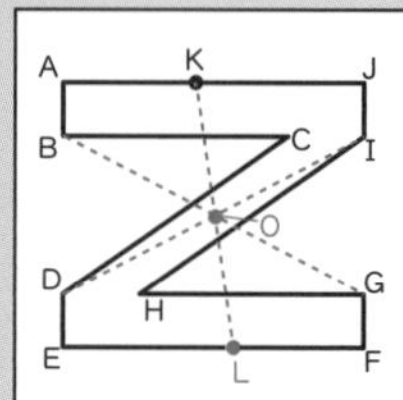

16 まとめ問題② 17ページ

1 ① $8 \times x \div 2 = y$

② [式] $8 \times 3 \div 2 = 12$

[答え] 12cm^2

2 ① $\frac{6}{5}\left(1\frac{1}{5}\right)$　② $\frac{10}{3}\left(3\frac{1}{3}\right)$

③ 28　④ $\frac{3}{8}$

⑤ $\frac{21}{2}\left(10\frac{1}{2}\right)$　⑥ $\frac{4}{15}$

3 [式] $4\frac{2}{3} \times 6 = 28$　[答え] 28g

4 [式] $10\frac{1}{2} \div 14 = \frac{3}{4}$

[答え] $\frac{3}{4}$cm

かんがえかた

1(底辺)×(高さ)÷2=(三角形の面積)です。

17 まとめ問題③ 18ページ

1 ① $\frac{10}{21}$　② 3

③ $\frac{21}{8}\left(2\frac{5}{8}\right)$

④ $\frac{8}{9}$　⑤ $\frac{9}{26}$　⑥ $\frac{3}{4}$

⑦ $\frac{11}{20}$　⑧ $\frac{1}{6}$

2 [式] $2\frac{1}{5} \times 8\frac{1}{3} = \frac{55}{3}$

[答え] $\frac{55}{3}$g$\left(18\frac{1}{3}\text{g}\right)$

3 [式] $2\frac{4}{7} \div \frac{5}{7} = \frac{18}{5}$

[答え] 時速$\frac{18}{5}$km$\left(時速3\frac{3}{5}\text{km}\right)$

4 [式] $540 \div \frac{15}{4} = 144$

[答え] 144円

かんがえかた

3(速さ)=(道のり)÷(時間)なので，

$2\frac{4}{7} \div \frac{5}{7}$を計算します。

1 I'm John. 20ページ

1 ① イ　② ウ　③ ア

2 Do, like, Yes, do

かんがえかた

1①「私(わたし)は～です。」と自分の名前を言うときはI'm ～. で表します。

②「私(わたし)は～が好きです。」はI like ～. で表します。birdは「鳥」という意味です。

③「私(わたし)は～の出身です。」と自分の出身地を言うときはI'm from ～. で表します。Chinaは「中国」という意味です。国名は文のとちゅうでも大文字で書き始めることを覚えておきましょう。

2「あなたは～が好きですか。」はDo you like ～? で表します。「はい，好きです。」と答えるときはYes, I do. で，「いいえ，好きではありません。」と答えるときはNo, I don't. で表します。

2 When is your birthday? 21ページ

1 ① 6　② 11

2 When is, February

かんがえかた

1「私(わたし)のたん生日は～月…日です。」はMy birthday is + 月 + 日. で表します。Juneは「6月」，Novemberは「11月」という意味です。

2「あなたのたん生日はいつですか。」とたずねるときはWhen is your birthday? で表します。月の名前は文のとちゅうでも大文字で書き始めることに注意しましょう。

算数
英語

3 What do you usually do on Saturdays? 22ページ

1 ① ア ② エ

2 What, do, watch

かんがえかた

1「私は…曜日にふだん～します。」は I usually ～ on …. で表します。walk my dog は「イヌを散歩させる」, practice soccer は「サッカーを練習する」という意味です。

2「あなたは～曜日にふだん何をしますか。」は What do you usually do on ～？で表します。「テレビを見る」は watch TV で表します。

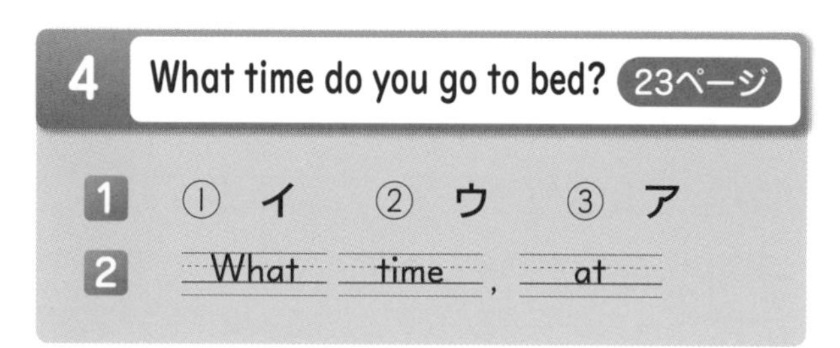

かんがえかた

1「～時に」は〈at ＋時刻〉で表します。get up は「起きる」, eat breakfast は「朝食を食べる」, go to school は「学校に行く」という意味です。

2「あなたは何時に～しますか。」は What time do you ～？で表します。go to bed は「ねる」という意味です。

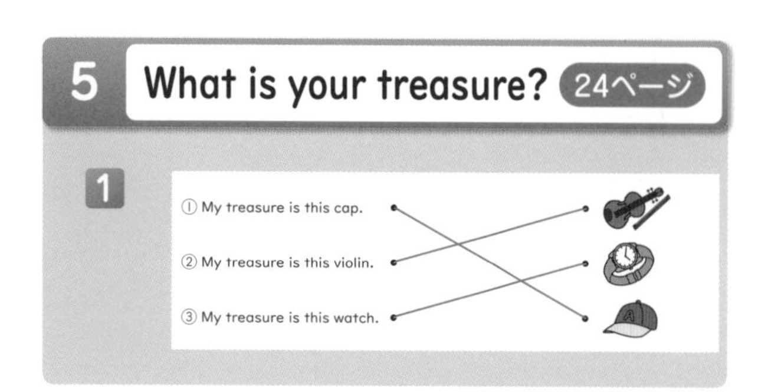

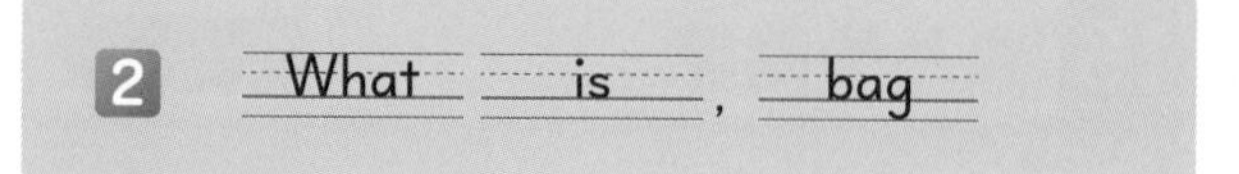

かんがえかた

1「私の宝物はこの～です。」は My treasure is this ～. で表します。cap は「ぼうし」, violin は「バイオリン」, watch は「うで時計」という意味です。

2「あなたの宝物は何ですか。」は What is your treasure? で表します。「かばん」は bag で表します。

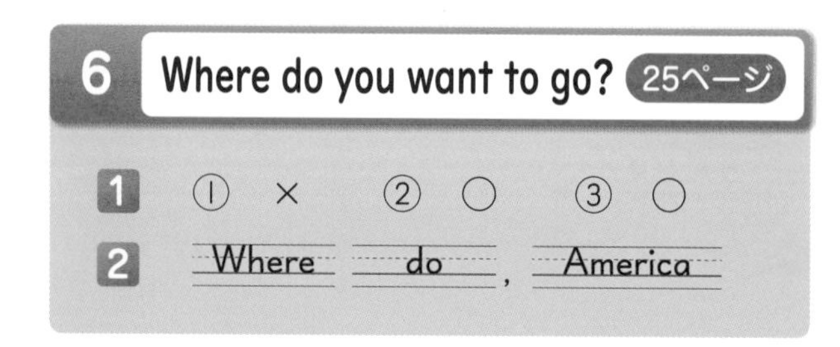

かんがえかた

1「私は～に行きたいです。」は I want to go to ～. で表します。Russia は「ロシア」, Egypt は「エジプト」, Mongolia は「モンゴル」という意味です。

2「あなたはどこに行きたいですか。」は Where do you want to go? で表します。「アメリカ」は America で表します。the U.S.A. または the U.S. と表すこともあります。

かんがえかた

1 ～ is a nice country. は「～はすてきな国です。」という意味です。You can ～. は

「あなたは～することができます。」という意味です。Germany は「ドイツ」, castle は「城」, sausage は「ソーセージ」, long river は「長い川」という意味です。

8 You can eat spaghetti. 27ページ

1 ① ア ② ウ ③ イ

2 You can , It's

かんがえかた

1「それは～です。」とものの様子などを説明するときは It's ～. で表します。cute は「かわいい」, exciting は「わくわくする」, old は「古い」という意味です。

2「あなたは～することができます。」は You can ～. で表します。「それは～です。」は It's ～. で表します。「とてもおいしい」は delicious で表します。

9 まとめ問題① 28ページ

1 ① ウ ② イ

2 ① from America , walk

② from Canada , like turtles

かんがえかた

1①ふだんしていることを話している場面です。ウ What do you usually do on Sundays? — I usually play tennis on Sundays. 「あなたは日曜日にふだん何をしますか。」—「私(わたし)は日曜日にふだんテニスをします。」を選びます。

②たん生日について話している場面です。イ When is your birthday? — My birthday is June 22nd. 「あなたのたん生日はいつですか。」—「私(わたし)のたん生日は6月22日です。」を選びます。

2①「私(わたし)は～出身です。」は I'm from ～. で表します。「アメリカ」は America です。「私(わたし)は…曜日にふだん～します。」は I usually ～ on …. で表します。「(私(わたし)の)イヌを散歩させる」は walk my dog で表します。

②「カナダ」は Canada です。「私(わたし)は～が好きです。」は I like ～. で表します。「カメ」は turtle で表します。

10 まとめ問題② 29ページ

1 ① エ ② ウ ③ ア

2 ① Where , want , go

② What time

③ What is

かんがえかた

1① What is your treasure? は「あなたの宝物(たからもの)は何ですか。」という意味です。エ My treasure is this piano. 「私(わたし)の宝物(たからもの)はこのピアノです。」を選びます。

② Where do you want to go? は「あなたはどこに行きたいですか。」という意味です。ウ I want to go to China. 「私(わたし)は中国に行きたいです。」を選びます。

③ What time do you usually go home? は「あなたはふだん何時に家に帰りますか。」という意味です。ア I go home at 4:30. 「私(わたし)は4時30分に家に帰ります。」を選びます。

2①「あなたはどこに行きたいですか。」は

Where do you want to go? で表します。

②「あなたは何時に～しますか。」は What time do you ～? で表します。「夕食を食べる」は eat dinner で表します。

③「あなたの宝物(たから)は何ですか。」は What is your treasure? で表します。

11 まとめ問題③ 30ページ

1 ① イ　② ウ

2 can see, can eat, It's

かんがえかた

1 ① ～ is a great country. は「～はすばらしい国です。」, You can ～. は「あなたは～することができます。」という意味です。よって,「ブラジルはすばらしい国です。あなたはカーニバルを見ることができます。」という意味です。**イ**の絵が合います。

② You can ～. は「あなたは～することができます。」, It's ～. は「それは～です。」という意味です。よって,「あなたはカレーライスを食べることができます。それはからいです。」という意味です。２文目の「それ」は, ここでは１文目の「カレーライス」のことです。**ウ**の絵が合います。

2「あなたは～することができます。」は You can ～. で表します。「パンダを見る」は see pandas, 「ぎょうざを食べる」は eat *gyoza* で表します。「それは～です。」は It's ～. で表します。「それ」は, ここでは「ぎょうざ」のことです。

17 説明文を読む④ 31ページ

(1) 人工物

(2) 人間

(3) ア

かんがえかた

(1)「周りは人工物ばかり」が,「ものすごい環境破壊(かんきょうはかい)」をしめしています。

(2)「自然を破壊(はかい)して人工物をつくって」ばかりいると,「人間が暮(く)らせる環境(かんきょう)ではなくなる」のです。

(3) 地球に対する筆者の思いを読み取りましょう。

国語

13 物語文を読む③ 35ページ

(1) クリスマスイブ
(2) ア
(3) イ

かんがえかた

(1)この日は「クリスマスイブ」であることをおさえます。
(2)日和はクリスマスイブの日の自分の様子を「みじめに」思っています。
(3)前の部分に、家にもどることについて「できない。したくない」とあります。

14 説明文を読む③ 34ページ

(1) 多幸感
(2) イ
(3) イ
(4) ア

かんがえかた

(1)母親の胎内にいるときの感じを「このときの多幸感」と表しています。
(3)「『なんか足りない』さみしさ」がなければ、人類はすでに滅びていたのではないかと筆者は考えています。

15 物語文を読む④ 33ページ

(1) ア
(2) 大声で
(3) イ

かんがえかた

(1)「うなず」く動作は、同意を意味します。
(2)陽菜は「このふたりに友達のひとりとして認めてもらえた」ことがうれしくて、「大声で叫びたい」気持ちだったのです。
(3)陽菜は直前の一文のような未来を想像したのです。

16 詩を読む② 32ページ

(1) イ
(2) ① まっすぐに ② 大切

かんがえかた

(1)「まっすぐに／杉の木が立っている」という語順を入れかえています。
(2)作者は「まっすぐに」あることを「これまでずっと／大切にしてきた」のです。これからも同じように、大切にしたいということを表現しています。

9 説明文を読む② 39ページ

(1) DNA
(2) ウ
(3) ウ
(4) タンパク質

かんがえかた

(1)「染色体の中に、DNA（デオキシリボ核酸）が二重らせん状に折りたたまれて収まっている」とあります。
(2) アは染色体の説明です。
(3)「それぞれ結合できる相手が決まっている」ということを□のあとで説明し直しています。

10 短歌を読む 38ページ

(1) 金色の小さき鳥
(2) たらちねの
(3) エ

かんがえかた

(1) 黄色い銀杏の散る様子を「金色の小さき鳥」にたとえています。
(2) 枕詞は決まった言葉の上につくことで歌の調子を整えます。ここでは、「たらちねの」という枕詞が「母」の上についています。
(3) 子供たちが「列をはみ出し」、「さざめきやめず」に楽しげに目的地に向かう、わくわくしている様子を読み取ることができます。

11 六年生の漢字③ 37ページ

1
① ちゅうし
② てんじ
③ うちゅう・しげん
④ あな
⑤ すな・じょきょ
⑥ げんじゅう
⑦ じゅもく
⑧ はら

2
① 子供・度胸
② 恩師・敬意
③ 呼吸

3
① 干す
② 乱れる
③ 難しい
④ 暮れた
⑤ 誤る

かんがえかた

1 ⑤「除去」は、とりのぞくことです。
⑧音読みは「フク」です。
2 ②「敬意」は、尊敬する気持ちです。
3 ⑤「謝る」とのちがいに注意しましょう。

12 同じ部首と読みをもつ漢字 36ページ

1
① 折・授・提
② 則・刷・判

2
ウ・エ・ア（右から順に）

3
① ウ
② イ
③ ア
④ エ

かんがえかた

1 てへんは「扌」、りっとうは「刂」です。「りっとう」は漢字の右側にあります。
3 ①「ごんべん」、②「くさかんむり」、③「にくづき」、④「さんずい」、という部首です。

5 詩を読む① 43ページ

(1) ① 雲のしずく ② 海のしずく
(2) むかし
(3) ア

かんがえかた

(1) それぞれ直前の内容にたとえられています。
(2) 「むかしは細螺の貝殻で／遊んだ」のは、おはじきのことです。
(3) 一行目と二行目は同じ構成で言葉を並べています。このような表現の工夫を対句とよびます。

6 六年生の漢字② 42ページ

1
① はっしゃ
② せおよ
③ にゅうじょうけん・みと
④ たんじゅん
⑤ ほうりつ・さば
⑥ かいだん
⑦ ふ
⑧ そうちゃく

2
① 地域・蔵書
② 蒸気・推進
③ 開幕

3
① 垂れる ② 並ぶ
③ 忘れる ④ 補う
⑤ 訪ねる

かんがえかた

1 ② 送りがなをつけない場合「はいえい」と読みます。
2 ① 「蔵書」は、個人や図書館が持っている書物です。
② 「推進」は、前に推し進めることです。
3 ⑤ 訪問するという意味です。

7 言葉・文法 41ページ

1
① ・主語 私が ・述語 食べた
・主語 ケーキは ・述語 おいしかった
② ・主語 大雪が ・述語 降って
・主語 電車が ・述語 おくれた

2
① 主語 ぼくが 述語 見た
② 主語 私が 述語 買った

3 ① エ ② ア

4 例 ぼくは満点をとりたかった。そのためがんばって勉強した。

かんがえかた

1 ① 「私が食べた」の主語・述語が、もう一つの主語の「ケーキは」を修飾しています。
3 ① 「ぼくがかいた」の主語・述語が、もう一つの主語の「絵が」を修飾しています。
4 「満点をとりたかったので」と理由が書かれているので、二つの文に書き直すときも理由を示す言葉を使うようにしましょう。

8 物語文を読む② 40ページ

(1) 西瓜
(2) しつけ係
(3) イ

かんがえかた

(1) ミトオが弦に「このあいだの西瓜ありがとうございました」と、お礼を言わせようとしています。
(2) 「弦のしつけ係でもやっているつもりか」に注目します。
(3) ミトオに対する弦の心情をとらえます。

国語

1 六年生の漢字① 47ページ

1
① した
② われ
③ けいさつしょ・そ
④ しょぶん
⑤ とうぎ・たいさく
⑥ もけい
⑦ たんけん
⑧ わけ

2
① 机・冊子
② 姿・座席
③ 胃腸

3
① 割れる
② 疑う
③ 映す
④ 洗う
⑤ 刻む

かんがえかた

1 ②「我にかえる」は、気がつく、興奮が覚めることです。

2 ①「雑誌」ではないことに注意します。

3 ③「移す」は「物の場所を動かす」という意味、「写す」は「似せて書く、写真やコピーをとる」という意味です。意味のちがいに注意します。

⑤送りがなは、「刻ざむ」ではありません。

2 話し言葉と書き言葉 46ページ

1 ① エ ② ウ

2 イ・ウ（順不同）

3 エ

4 ① エ ② ウ ③ オ

5 ① ア ② イ

かんがえかた

1「文字で表す言葉＝書き言葉」「音声で表す言葉＝話し言葉」です。

2 話し言葉の利点は、その場にいる相手と話していることによるものです。

4 ①「共通語」は「だれが読んでもわかる」言葉です。③見直すのは人に「誤解」されないためです。

3 物語文を読む① 45ページ

(1) 白い布
(2) 両親の部屋
(3) ア

かんがえかた

(1) 淳が「白い布」につつまれたものを持ってきて「これだよ」と言っています。

(2) ――線②のあとで、淳は両親の部屋から白い布につつまれたものを持ってきます。そのことを両親に気づかれないように、淳はひそひそ声で話したのです。

(3) 淳の両親の喫茶店がある場所を読み取ります。

4 説明文を読む① 44ページ

(1) ① 十分に大きな振動 ② びっくり
(2) エ

かんがえかた

(1)「大声を上げているとき」のクモの様子について書かれている場所をさがします。

(2)「優しすぎれば舐められる、厳しすぎればへそ曲げる」のだから、ほどほどに接するのがよいのです。